中文版

Photoshop CS5
数码照片处理
经典200例

徐 丽 编著

中国电力出版社
CHINA ELECTRIC POWER PRESS

内容提要

本书通过对光影处理、色彩调整、RAW照片处理、人像照片处理、风景照片处理等9类共200个经典案例进行详细的剖析，以帮助读者系统、快速地掌握Photoshop数码照片处理技能。这些案例内容涉及照片管理与浏览、照片特效制作、照片合成技巧、"非主流"照片制作技巧等有关照片处理的诸多方面，基本上涵盖了日常生活中可能遇到的照片处理任务类型，而且还在配套的光盘中用多媒体的形式对所有案例进行了图文并茂的讲解，让学习更加轻松、快捷。

本书内容全面、讲解细致，适合摄影爱好者、数码处理人员、平面广告设计人员、婚纱影楼方面人员及从事二维处理方面的人员使用。

图书在版编目（CIP）数据

中文版Photoshop CS5数码照片处理经典200例/徐丽编著.
北京：中国电力出版社，2011.9
ISBN 978-7-5123-2106-9

Ⅰ.①中… Ⅱ.①徐… Ⅲ.①图像处理软件，Photoshop CS5
Ⅳ.①TP391.41

中国版本图书馆 CIP 数据核字（2011）第 184292 号

中国电力出版社出版、发行
（北京市东城区北京站西街 19 号　100005　http://www.cepp.sgcc.com.cn）
北京博图彩色印刷有限公司印刷
各地新华书店经售

＊

2012 年 1 月第一版　　2012 年 1 月北京第一次印刷
787 毫米 ×1092 毫米　16 开本　18 印张　427 千字
印数 0001—4000 册　　定价 **65.00** 元（含 1DVD）

敬 告 读 者
本书封面贴有防伪标签，加热后中心图案消失
本书如有印装质量问题，我社发行部负责退换

版 权 专 有　翻 印 必 究

前言

电子时代的到来让我们对数码相机有了全新的认识，几年前崛起的数码相机，是现代通信、计算机产业、照相机产业高速发展的产物。

随着电信、计算机的普及和家庭化，数码相机的应用领域也日益广泛。人们对数码相机的要求也越来越高。尽管像素越来越高，但消费者仍然希望显示拍摄图像的速度不低于以前，甚至更快，对图像处理的要求更高，如要求消除红眼、去马赛克、去除杂物等。

在实际拍摄中遗留下来的问题往往会给人们带来这样或那样的缺憾，这就需要我们借助计算机平台对图像进行音视频编辑处理、图片备注、图片上载。数码照片越来越被大众所接受，是因为它能得到完美的后期合成处理。

本书着重从这方面着手，主要从实用性的角度讲解了照片在实际拍摄中出现的问题，并且针对这些问题进行了详细讲解，同时对 Photoshop CS5 在具体实际工作中的应用进行了说明。

本书不仅能使读者对 Photoshop CS5 有一个全新的认识，同时为读者提供了大量的信息和借鉴，如果对自己或者家人的旧照片、发黄的照片不满意，可以借助这本书消除这一缺憾。本书每一个实例都有与它相对应的视频文件，易学易懂，适合初学者阅读。

本书由徐丽编著。吴丹、李佳轩、刘茜、刘俊红、徐影、古春霞、李雪梅、张丹、刘海洋、李艳严、于丽丽、李立敏、裴文贺、霍静、骆晶、付宁、方乙晴、陈朗朗、杜弯弯、金海燕、李飞飞、李海英、李雅男、李之龙、梁爽、孙宏、王红岩、王艳、徐吉阳、于蕾、于淑娟、李德云、徐扬、王雪峰等对本书的编写和光盘制作提供了很多帮助，在此表示衷心的感谢。

如果读者在工作和学习中遇到什么疑问，可登录 www. 温鑫文化网 .cn，与作者进行相关交流。

1. 本书内容与特色

本书分为 12 章，具体内容安排如下：

第 1 章　Photoshop 基础知识
第 2 章　照片基本处理
第 3 章　照片光影处理
第 4 章　图片色彩的调整
第 5 章　老照片翻新效果
第 6 章　人像照片美容
第 7 章　从照片中抠取物体
第 8 章　照片简单艺术效果
第 9 章　风景照片美化
第 10 章　人物照片艺术特效
第 11 章　综合案例
第 12 章　DIY 个性制作

2. 面向读者

本书可兼顾初、中级读者，适用于广告从业人员及数字化媒体中以电脑为工具的图像、声音及影像产品的设计者，以及建筑设计师、数码印刷及出版领域的工作人员。具体读者对象为广告公司、建筑公司、影视动画的设计师，高等院校师生，大型企业企划部门的设计人员，出版社、杂志社和报纸的美术编辑，数码印刷及印前操作人员，还可以作为培训班学员的标准教程。

3. 案例讲授

本书详细讲解了 200 个不同类型的数码照片处理经典案例，这些案例内容涉及照片管理与浏览、照片特效制作、照片合成技巧、"非主流"照片制作技法等有关照片处理的诸多方面。这些案例基本上涵盖了日常生活中可能遇到的照片处理任务类型，因此本书还可以用作照片处理技能的案头备查手册。

4. 简洁高效

本书没有繁琐的叙述，也没有编排繁杂的花哨版式，只有简洁的版式与高效的操作步骤，所有内容均清晰明了，讲述方式浅显易懂，因此特别适合那些希望高效学习的读者。

5. 分类清晰

本书系统地讲解了基础操作、修复、修饰、抠图、特效、合成等 6 大 Photoshop 核心技术，对光影处理、色彩调整、RAW 照片处理、人像照片处理、风景照片处理等 9 类经典案例进行了剖析，可帮助读者系统、快速地掌握 Photoshop 数码照片处理技能。

6. 视频讲解

与本书配套的多媒体教学光盘中收录了作者精心录制的技术较为复杂且稍具学习难度的案例操作视频，相信这样的视频能够帮助读者更轻松地学习本书中所讲述的知识。

编者

2011 年 10 月

目录

前言

第1章 Photoshop基础知识

第2章 照片的基础操作

 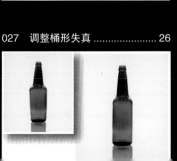 

第3章　照片润饰处理

第4章

第5章　老照片翻新效果

第6章 人像照片美容

第7章　从照片中抠取物体

第8章   照片简单艺术效果

第9章　风景照片美化

第10章　人物照片合成特效

第11章 综合案例

第12章　DIY个性制作

第1章

Photoshop 基础知识

你是否已经为进入数码设计艺术殿堂做好了准备？如果是，就请坐上 Photoshop 这辆车，猛踩油门，向着目标勇敢飞奔吧！此章我们就来学习一些有关 Photoshop 和数码照片处理的基础知识。

001 Photoshop CS5简介

　　Photoshop 是 Adobe 公司旗下最为出名的图像处理软件之一。如今，Photoshop 已成为图像处理软件的标准。Adobe CS5 总共有 15 个独立程序和相关技术，5 种不同的组合构成了 5 个不同的组合版本，分别是大师典藏版、设计高级版、设计标准版、网络高级版、产品高级版。这些组件中我们最熟悉的可能就是 Photoshop，Photoshop CS5 有标准版和扩展版两个版本。Photoshop CS5 标准版适合摄影师以及印刷设计人员使用。

002 Adobe公司简介

　　Adobe 公司是一家总部位于美国圣何塞的电脑软件公司。20 多年来，Adobe 一直致力于帮助用户和企业以更好的成本效益，通过更好的方式表达图像、信息和思想。该公司在数码成像、设计和文档技术方面的创新成果，在这些领域树立了杰出的典范，使数以百万计的人们体会到视觉信息交流的强大魅力。 今天，几乎每一幅我们所看到的图像都是通过 Adobe 软件创建或修改的。Adobe 公司至今一直稳居图形图像业界霸主地位。它不但以功能强大、使用方便的 Photoshop 系列软件在图像处理方面遥遥领先，在广告印刷排版方面开发的 PageMaker 作为桌面出版的先锋也一直是重要的排版软件，其矢量图形的绘图软件 Illustrator 至今无人能敌。Adobe 仍将致力于不断提供新的技术、产品和服务，确保客户和合作伙伴可以相互依存、共同发展。通过不断创新，Adobe 将继续在数码领域拓展已有的天地。

003 工作区基础知识

工作区概述

　　可以使用各种元素（如面板、栏以及窗口）来创建、处理文档和文件。这些元素的任何排列方式称为工作区。Adobe®Creative Suite® 5 中不同应用程序的工作区具有相同的外观，因此您可以在应用程序之间轻松切换。您也可以通过从多个预设工作区中进行选择或创建自己的工作区来调整各个应用程序，以适合自己的工作方式。虽然不同产品中的默认工作区布局不同，但是对其中元素的处理方式基本相同。

默认 Illustrator 工作区：A. 选项卡式"文档"窗口；B. 应用程序栏；C. 工作区切换器；D. 面板标题栏；E."控制"面板；F."工具"面板；G."折叠为图标"按钮；H. 垂直停放的面板组。

- 位于顶部的应用程序栏包含工作区切换器、菜单（仅限 Windows）和其他应用程序控件。在 Mac 操作系统中，对于某些产品，可以使用"窗口"菜单显示或隐藏应用程序栏。
- 工具面板包含用于创建和编辑图像、图稿、页面元素等的工具。相关工具将进行分组。
- 控制面板显示当前所选工具的选项。"控制"面板显示当前所选对象的选项。"控制"面板称为"属性检查器"，包含当前所选元素的属性。
- 文档窗口显示正在处理的文件。可以将文档窗口设置为选项卡式窗口，并且在某些情况下可以进行分组和停放。

004 滑块

在面板、对话框和选项栏中输入值

❖请执行下列任一操作：
- 在文本框中键入一个值，然后按 Enter 键。
- 拖动滑块。
- 将指针移到滑块或弹出滑块的标题上。当指针变为指向手指时，将小滑块向左或向右拖移。此功能只可用于选定滑块和弹出式滑块。
- 拖移转盘。
- 单击面板中的箭头按钮以增大或减小值。
- 单击文本框，然后使用键盘上的向上箭头键和向下箭头键来增大或减小值。

● 从与文本框关联的菜单中选择一个值。

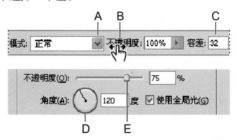

输入值的方式：A. 菜单箭头；B. 小滑块；C. 文本框；D. 转盘；E. 滑块。

使用滑块

某些面板、对话框和选项栏包含使用弹出式滑块的设置（例如，"图层"面板中的"不透明度"选项）。如果文本框旁边有三角形，则可以通过单击该三角形来激活弹出式滑块。将指针放置在设置旁边的三角形上，按住鼠标按钮，然后将滑块或角半径拖移到想要的值。在滑块框外单击或按 Enter 键关闭滑块框。要取消更改，请按 Esc 键。

要在弹出式滑块框处于打开状态时以 10% 的增量增大或减小值，请按住 Shift 键并按向上箭头或向下箭头键。

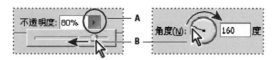

使用不同种类的弹出式滑块：A. 单击以打开弹出式滑块框；B. 拖移滑块或角半径。

005 弹出式面板

使用弹出式面板可以轻松地访问画笔、色板、渐变、样式、图案、等高线和形状的可用选项。可以通过重命名和删除项目及载入、存储和替换库来自定弹出式面板。还可以更改弹出式面板的显示，以便按名称和 / 或缩览图图标来查看项目。

单击选项栏中的工具缩览图可显示其弹出式面板。单击弹出式面板中的某个项目可将其选中。

查看选项栏中的"画笔"弹出式面板：A. 单击以显示弹出式面板；B. 单击以查看弹出式面板菜单。

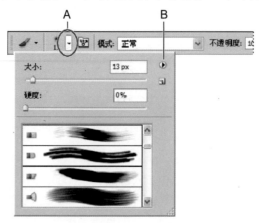

006 选项栏

选项栏将在工作区顶部的菜单栏下出现。选项栏是上下文相关的，它会随所选工具的不同而改变。选项栏中的某些设置（如绘画模式和不透明度）是几种工具共有的，而有些设置则是某一种工具特有的。

可以通过使用手柄栏在工作区中移动选项栏，也可以将它停放在屏幕的顶部或底部。当将指针悬停在工具上时，将会出现工具提示。要显示或隐藏选项栏，请选择"窗口 > 选项"。

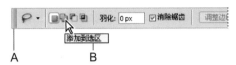

套索选项栏：A. 手柄栏；B. 工具提示。

007 工具

启动 Photoshop 时，"工具"面板将显示在屏幕左侧。"工具"面板中的某些工具会在上下文相关选项栏中提供一些选项。通过这些工具，您可以输入文字，选择、绘画、绘制、编辑、移动、注释和查看图像，或对图像进行取样。其他工具可让您更改前景色 / 背景色，转到 Adobe Online，以及在不同的模式中工作。

可以展开某些工具以查看它们后面的隐藏工具。工具图标右下角的小三角形表示存在隐藏工具。

将指针放在工具上，便可以查看有关该工具的信息。工具的名称将出现在指针下面的工具提示中。

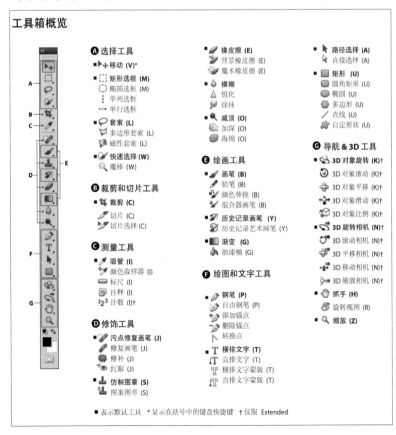

008 选择工具库

选框工具可建立矩形、椭圆、单行和单列选区。

移动工具可移动选区、图层和参考线。

套索工具可建立手图、多边形（直边）和磁性（紧贴）选区。

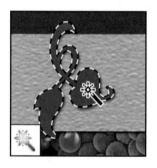

快速选择工具可让您使用可调整的圆形画笔笔尖快速"绘制"选区。

魔棒工具可选择着色相近的区域。

009 裁剪工具库

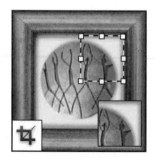

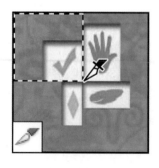

裁剪工具可裁切图像。

切片工具可创建切片。

切片选择工具可选择切片。

010　修饰工具库

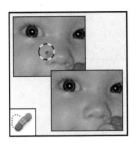

污点修复画笔工具可移去污点和对象。

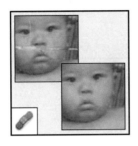

修复画笔工具可利用样本或图案修复图像中不理想的部分。

修补工具可利用样本或图案修复所选图像区域中不理想的部分。

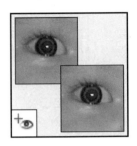

红眼工具可移去由闪光灯导致的红色反光。

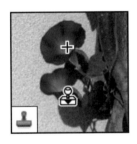

仿制图章工具可利用图像的样本来绘画。

图案图章工具可使用图像的一部分作为图案来绘画。

橡皮擦工具可抹除像素并将图像的局部恢复到以前存储的状态。

背景橡皮擦工具可通过拖动将区域擦抹为透明区域。

魔术橡皮擦工具只需单击一次即可将纯色区域擦抹为透明区域。

模糊工具可对图像中的硬边缘进行模糊处理。

锐化工具可锐化图像中的柔边缘。

涂抹工具可涂抹图像中的数据。

减淡工具可使图像中
的区域变亮。

加深工具可使图像中
的区域变暗。

海绵工具可更改区域
的颜色饱和度。

011 绘画工具库

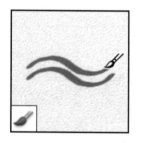

画笔工具可绘制画
笔描边。

铅笔工具可绘制硬
边描边。

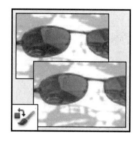

颜色替换工具可将
选定颜色替换为新颜色。

混合画笔工具可模
拟真实的绘画技术（如
混合画布颜色和使用不
同的绘画湿度）。

历史记录画笔工具
主要作用是将图像恢复
至最近保存或打开原来
的图像。

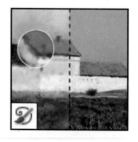

历史记录艺术画
笔工具可将指定的历史
记录状态或快照用作源
数据，为创建不同的颜
色和艺术风格设置的
选项。

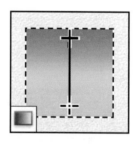

渐变工具主要是对
图像进行渐变填充。

油漆桶工具，主要
作用是填充颜色。

012 绘图和文字工具库

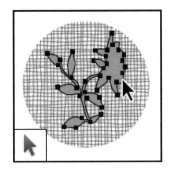

路径选择工具可建立显示锚点、方向线和方向点的形状或线段选区。

文字工具可在图像上创建文字。

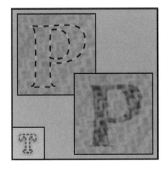

文字蒙版工具可创建文字形状的选区。

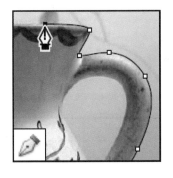

钢笔工具可让您绘制边缘平滑的路径。

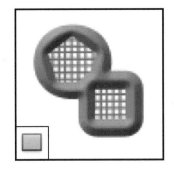

形状工具和直线工具可在正常图层或形状图层中绘制形状和直线。

自定形状工具可创建从自定形状列表中选择的自定形状。

013 注释、测量和导航工具库

吸管工具可提取图像的色样。

颜色取样器工具最多显示四个区域的颜色值。

标尺工具可测量距离、位置和角度。

抓手工具可在图像窗口内移动图像。

缩放工具可放大和缩小图像的视图。

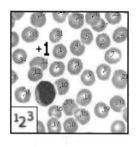

计数工具可统计图像中对象的个数（仅限 Photoshop Extended）。

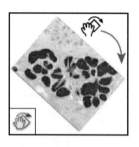

旋转视图工具可在不破坏原图像的前提下旋转画布。

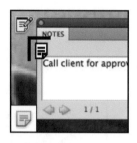

注释工具可为图像添加注释。

014　3D工具

3D 对象旋转工具可使对象围绕其 x 轴旋转。

3D 对象滚动工具可使对象围绕其 z 轴旋转。

3D 对象平移工具可使对象沿 x 或 y 方向平移。

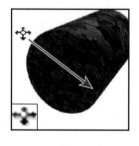

3D 对象滑动工具可在沿水平方向拖动对象时横向移动对象，或在沿垂直方向拖动时前进和后退。

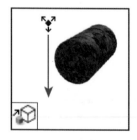

3D 对象缩放工具可增大或缩小对象。

3D 旋转相机工具可将相机沿 x 或 y 方向环绕移动。

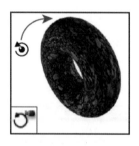

3D 滚动相机工具可将相机围绕 z 轴旋转。

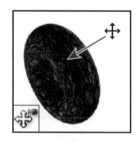

3D 平移相机工具可将相机沿 x 或 y 方向平移。

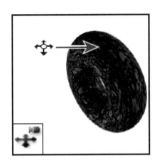
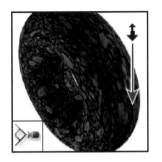

3D 移动相机工具可在
沿水平方向拖动相机时横向
移动相机，或在沿垂直方向
拖动时前进和后退。

3D 缩放相机工具可拉
近或拉远视角。

015 选择工具

❖ 执行下列操作之一：

● 单击"工具"面板中的某个工具。如果工具的右下角有小三角形，请按住鼠标按钮来查看隐藏的工具。然后单击要选择的工具。

● 按工具的键盘快捷键。键盘快捷键显示在工具提示中。例如，可以通过按 V 键来选择移动工具。

● 按住键盘快捷键可临时切换到工具。释放快捷键后，Photoshop 会返回到临时切换前所使用的工具。

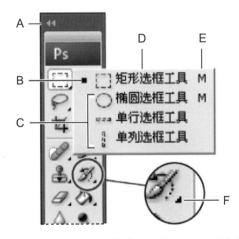

访问工具：A."工具"面板；B.现用工具；C.隐藏的工具；D.工具名称；E.工具快捷键；F.表示隐藏工具的三角形。

016 创建和使用工具预设

工具预设使用户可以存储和重用工具设置。使用选项栏中的"工具预设"选取器、"工具预设"面板和"预设管理器"可以载入、编辑和创建工具预设库。

要选取工具预设，请单击选项栏中的"工具预设"选取器，然后从弹出式面板中选择一个预设。也可以选择"窗口 > 工具预设"，然后在"工具预设"面板中选择一个预设。

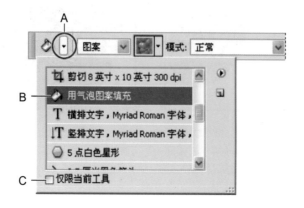

查看"工具预设"选取器：A. 单击选项栏中的"工具预设"选取器，以显示"工具预设"弹出式面板。B. 选择一种预设，将工具的选项更改为预设，以后每次选择该工具时都会应用这一预设（直至从面板菜单中选取"复位工具"）。C. 取消选中可显示所有的工具预设；如选中则只显示在工具箱中选择的工具的预设。

017 历史记录面板

可以使用"历史记录"面板在当前工作会话期间跳转到所创建图像的任一最近状态。每次对图像应用更改时，图像的新状态都会添加到该面板中。

例如，如果对图像局部执行选择、绘画和旋转等操作，则每一种状态都会单独在面板中列出。当选择其中某个状态时，图像将恢复为第一次应用该更改时的外观。然后可以从该状态开始工作。

也可以使用"历史记录"面板来删除图像状态，并且，在 Photoshop 中，可以使用该面板依据某个状态或快照创建文档。

要显示"历史记录"面板，请选择"窗口 > 历史记录"，或单击"历史记录"面板选项卡。

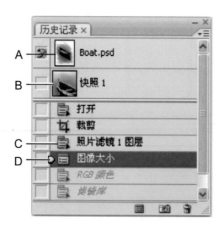

Photoshop 历史记录面板：A. 设置历史记录画笔的源；B. 快照缩览图；C. 历史记录状态；D. 历史记录状态滑块。

018　图层基础知识

Photoshop 图层就如同堆叠在一起的透明纸，可以透过图层的透明区域看到下面的图层。可以移动图层来定位图层上的内容，就像在堆栈中滑动透明纸一样。也可以更改图层的不透明度以使内容部分透明。图层上的透明区域可让用户看到下面的图层。

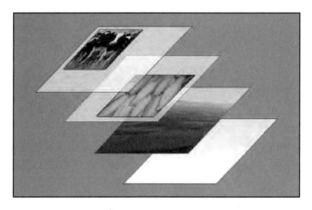

可以使用图层来执行多种任务，如复合多个图像、向图像添加文本或添加矢量图形形状。可以应用图层样式来添加特殊效果，如投影或发光。

组织图层

新图像包含一个图层。可以添加到图像中的附加图层、图层效果和图层组的数目只受计算机内存的限制。可以在"图层"面板中使用图层。图层组可以帮助用户组织和管理图层。用户可以使用组来按逻辑顺序排列图层，并减轻"图层"面板中的杂乱情况；可以将组嵌套在其他组内；还可以使用组将属性和蒙版同时应用到多个图层。

图层面板

图层面板列出了图像中的所有图层、图层组和图层效果。用户可以使用"图层"面板来显示和隐藏图层、创建新图层以及处理图层组；可以在"图层"面板菜单中访问其他命令和选项。

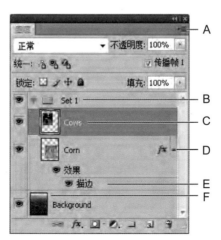

Photoshop 图层面板：A. 图层面板菜单；B. 图层组；C. 图层；D. 展开 / 折叠图层效果；E. 图层效果；F. 图层缩览图。

019 新增功能简介

1. 界面

　　Photoshop CS5 具有新的界面，在上端增加了一排操作按钮，除常用的抓手、缩放工具和新增的旋转视图工具外，还有一个"文档排列"下拉面板，控制同时打开的几个文档的排列方式，点击"文档排列"面板上的三角，从中选择一种显示方式，所打开的文档即所选方式一并显示在屏幕上。在 Photoshop 中打开的文件，它们的标签位于菜单栏的下方，要在屏幕上显示某一文件只要在标签上点击一下即可，文件间切换显示非常快速、方便。在标签上按住鼠标左 / 右拉动，可以改变文件前后排列的次序。用鼠标按住文档标签往下拖，可以出现该图像的浮动面板，按住浮动面板往标签栏拖动，该文档又可回到标签栏。选移动工具，用鼠标将显示在屏幕上的图像往某一文档的标签上拖，放开鼠标，即将此图像复制到那个文档里了。

2. 调整面板

　　"窗口"中新增一调整面板，其中所列出的调整项目在菜单栏"图像 / 调整"，在下拉菜单中都可以找到，不过相比之下通过调整面板进行调整更方便、效果更好。点击某调整项目的图标，即进入该调整面板。在面板的下部有一排按钮，从左向右其功能依次为：①返回调整列表；②标准视图 / 展开视图间切换；③影响所有层 / 影响单独层间切换；④调整层可见 / 隐匿间切换；⑤按住鼠标查看上一状态；⑥恢复到默认值；⑦删除调整层。

　　调整面板主要特点是：

　　（1）通过调整面板进行的调整是以调整层的方式出现，对图像没有破坏，必要时可以进行修改或删除。

　　（2）在色阶、曲线、曝光度、饱和度、黑白、通道混合器、可选颜色等面板中都设有一些预置值供选择，使调整更快捷，效果更好。

　　（3）可以设定只对一个图层进行调整，不影响其他的图层，这在以前是根本做不到的。

　　（4）新增"自然饱和度 调整"：对画面饱和度进行选择性的调整，并对皮肤肤色做一定的保护。该面板上有两个控制条，向右拖拉"自然饱和度"控制点，选择性地调整饱和度，即对色彩饱和度正常或接近饱和的部分较少地增加饱和度，对色彩不够饱和的部分较多地增加饱和度。

　　（5）新增的"目标色调整工具"：在曲线、色相 / 饱和度及黑白调整面板的左上方，有一手形图案即为"目标色调整工具"按钮。选中该工具后，将鼠标放在图像要进行调整的部位。按住鼠标并上下或左右拉动（根据图标箭头的指示操作），即可进行相应的调整。

3. 蒙版面板

　　这是新增加的功能，有像素蒙版和位图蒙版两种类型供选择，选像素蒙版后，即出现蒙版设置面板，设置的项目有浓度、羽化和调整，调整项中又有调整边缘、颜色范围和反相三项，操作比较直观。设置浓度、羽化等项后，进入"颜色范围"进行选择，以所选择的颜色为中心向外扩散。勾选该项后不会在选择一处颜色后将画面中所有接近的颜色全都选中，使选择更为精确，"调整边缘"面板和菜单栏中的"选择 / 调整边缘"相同。在"色彩范围"选择完后，按确定按钮。对蒙版边缘进行修改，转为选区，进行抠图等操作。

4. 减淡、加深和海绵工具

这是三个老工具，不过进行了很具实用性的改进。我们在对图像进行局部调整时，常会想到选用这其中一个工具。在 CS4 及以前的版本中，在这三个工具的属性栏中可以设置画笔硬度，设置减淡、加深工具的范围和曝光度，设置海绵工具的模式和流量，但是在使用时仍很难掌握，尽管操作时已经非常小心，仍常常出现处理过度的情况，效果不满意、不理想。CS5 中减淡工具、加深工具增加了"保护色调"选项，勾选该项后在操作时亮部和暗部都得到保护，即加亮工具对亮部影响较少而对暗部影响较多，加深工具则相反，对亮部有较多的影响，对暗部则影响较少。并且在调整中能尽量保护色相，使色相不发生太大的改变。海绵工具调整的是色相饱和度，CS5 中增加了"自然饱和度"选项，选中该选项后，降低饱和度时对饱和度高的部位降低得明显，对饱和度低的部位则影响较小。增加饱和度时正好相反，对饱和度高的部位影响较小，对饱和度低的部位增加得明显。由于进行了这样的改进，用这三个工具来调整图像时，很好地保留原图的颜色、色调和纹理等重要信息，避免过分处理图像的暗部和亮度，修改后看上去仍很自然，可以放心使用。

5. 仿制源

在 Photoshop CS5 中，不仅仿制图章支持五个仿制源，修改画笔工具也支持这项功能，在工具属性栏右侧有个仿制源面板，点击一下调出来即可使用，可更好地保留原图的颜色、色调和纹理等重要信息，避免过分处理图像的暗部和亮度，修改后看上去会更加自然。

6. 内容感知缩放

在以前用自由变换工具缩放图像时，图像中所有的元素都随之缩放，在 CS5 中用"内容感知缩放"（菜单栏"编辑 / 内容感知缩放"）改变图像大小时，软件通过对像素的分析，智能地保留图像中重要区域，如人物、动物、建筑等，尽可能减少失真。为使画面中主要内容不发生明显变形，可以将要保护的对象做一选区，存储此选区。然后在属性栏中将"保护"点开，从中选择预设的保护对象后再缩放。如要保护的是人物，在缩放前先在属性栏中点选"保护皮肤色调"。缩放时如用鼠标按住某一角的控制点向画面中心拖拉，会使图像在拍摄时增加焦距。将主体拉近这样的特殊效果：缩放到需要的大小后按回车键确认。内容感知缩放对硬件要求比较高，一般配置的电脑做此操作时运行比较缓慢。

7. 3D 功能

3D 功能在 Photoshop 中，到目前为止还只能称作一个点缀。尽管可以进行一些如改变贴图之类的操作，但效果十分有限。这项功能适合用来引入一些类似三维文字或三维 Logo 标志，用作网页设计中的标题之类。如果需要较满意的效果，最好还是在专业 3D 中渲染后以图片形式导入比较好。一个 3D 设计师是肯定不屑于使用 Photoshop 来进行渲染的，正如同 Photoshop 的专家不会去使用看图软件所附带的色彩调整功能一样。

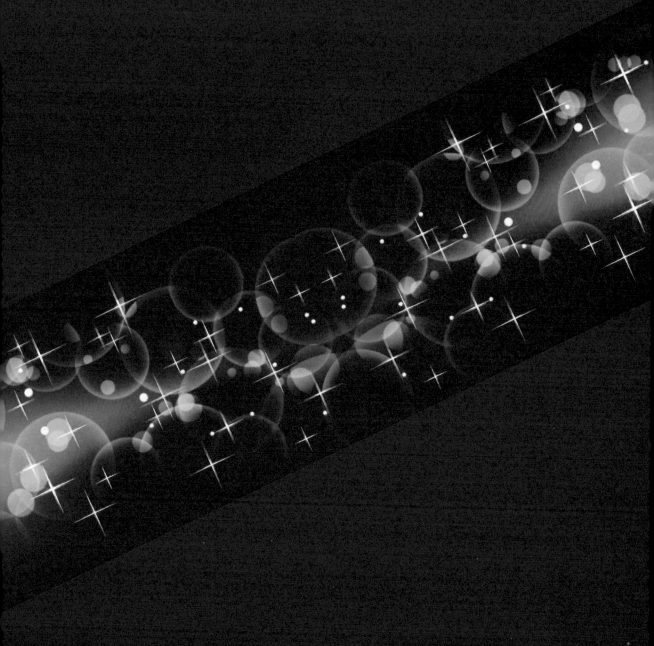

第 2 章
照片基本处理

　　"千里之行始于足下"，和其他任何学科一样，学习
Photoshop 也应该从基础入手，本章中我们将会学习 Photoshop
照片处理中最基础的部分，只有打好基础，才能掌握更复杂的使用
技巧。

020 调整照片尺寸

本例中原图片的尺寸偏大，使得文件也会相应比较大，如果想要上传到网上（如博客等），既浪费空间，也会增加上传的时间。我们可以利用 Photoshop 根据自己的需要缩小照片的尺寸，以方便使用。

摄影技巧

镜头基本公式：
高斯成像公式：
$1/F = 1/U + 1/V$
式中 F—焦距；U—物距；V—像距。

有效口径：镜头入射光瞳最大直径与焦距之比，即 $n = d/f$。

相对口径：光圈直径与焦距的比值，计算方法与有效口径相同，$n' = d'/f$。

软件操作

01 执行"文件 > 打开"命令，在弹出的对话框中，选择本书配套光盘中的"第2章\原图\调整照片尺寸.jpg"文件，单击"打开"按钮打开此素材。

02 执行"图像 > 图像大小"命令，在弹出的"图像大小"对话框中，先将"缩放样式"、"约束比例"、"重定图像像素"全部勾选，再将"像素大小"下面的"宽度"数值从原来的 535 改为 300（如下图左）。此时对前后两张图的文件属性，可以发现文件小了很多。

操作技巧

用 Photoshop 保存图片为 JPG 格式的时候，Photoshop 会提示需要保存图片的压缩品质，可以根据需要适当加大压缩程度，从而得到体积更小的 JPG 文件。

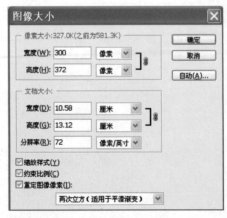

021 调整照片分辨率

在实际应用图片时，经常会遇到调整照片分辨率的问题。例如用于印刷的照片，要求的分辨率是300dpi 或者 300dpi 以上，而我们从网上下载的图片分辨率一般都是 72dpi，学会如何更改分辨率可以更全面地使用照片资源。

软件操作

01 执行"文件 > 打开"命令，在弹出的对话框中，选择本书配套光盘中的"第 2 章 \ 原图 \ 调整照片分辨率 .jpg"文件，单击"打开"按钮打开此素材。

02 执行"图像 > 图像大小"命令，在弹出的"图像大小"对话框中，取消勾选"重定图像像素"选项，然后再将"文档大小"下面的分辨率的数值由72 改为 300（如下图左），单击"确定"按钮，即可得到分辨率为 300dpi的照片（如下图右）。

📷 **摄影技巧**

摄影时向某景物调焦，在该景物的前后会形成一个清晰区，这个清晰区称为全景深，简称景深。

使用大光圈时景深小，使用小光圈时景深大，物距小时景深小，使用广角镜时景深大。

022 照片的旋转

本例介绍将照片通过水平旋转、垂直旋转、任意角度旋转后，得到不同角度的照片，制作照片人物更生动、活泼的效果。

软件操作

01 执行"文件 > 打开"命令，在弹出的对话框中，选择本书配套光盘中的"第 2 章 \ 原图 \ 调照片的旋转 .jpg"文件，单击"打开"按钮打开此素材。

02 执行"图像 > 图像旋转 > 水平翻转画布"命令（如下图左），即可得到水平翻转后的图片（如下图右）。

操作技巧

> 在 Photoshop 中，还可以用"编辑>自由变换"命令调整照片的角度。但前提是将想要旋转的部分用选框选中，调整之后，按 Enter 键确认即可。

03 执行"图像 > 图像旋转 > 垂直翻转画布"命令（如下图左），即可得到垂直翻转后的图片（如下图右）。

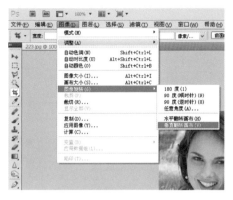 

摄影技巧

手动曝光模式下拍摄时所需要的光圈和快门速度完全由用户决定，用户能够根据自己的艺术创作意图和预计的拍摄效果进行光圈和快门速度的设置。该模式为用户提供了极大的自由度，当设定超过感光度后，相机会通过声音或闪烁的灯光予以提示。对于经验不足的新手来说，利用手动曝光模式有一定难度，而且操作稍显复杂，难以用于抓拍瞬息即逝的景象。

04 执行"图像 > 图像旋转 > 任意角度"命令（如下图左），弹出旋转画布对话框（如下图右）。

摄影技巧

在复杂的光线极强对比高反差的环境中，利用自动曝光或者快门、光圈优先模式。有时很难照顾全局，无法突出主题，达不到预期的效果，这时就需要拍摄者对设备手动进行相应的曝光参数调整，这就是曝光补偿（Expose Value）调节，也称为±EV。对于初学者来讲，曝光补偿一般用于静物、景物的拍摄场合，这个场合能从容进行参数调整，用不同的补偿方式拍摄多张照片以供挑选。不过，在反差极大的画面中，曝光补偿很难照顾全局，容易顾此失彼。

需要注意的是，一般曝光补偿都是用在自动或者全手动曝光模式中的，如果是全手动曝光模式，则很少采用曝光补偿，因为依靠快门和光圈的调节也可以改变进光量。

05 在"旋转画布"对话框中随意输入想要的角度数值，即可得到任意角度的照片（如下图）。

023 照片的基本裁剪

本例中原图片的主体图像偏于整体照片的左侧，右侧的背景稍显多余，我们可以用裁剪工具裁掉有边多余的背景，使得照片主体更加突出。

操作技巧

裁剪工具的快捷键为 C，进行裁剪的时候，按住 Shift 键可以拖出正方形的裁剪框。

软件操作

01 执行"文件 > 打开"命令，在弹出的对话框中，选择本书配套光盘中的"第 2 章 \ 原图 \ 照片的基本裁剪 .jpg"文件，单击"打开"按钮打开此素材。

02 选择工具栏中的裁剪工具 ，进入裁剪模式，按住鼠标左键，在照片上任意拖放，然后松开鼠标左键，中间亮的部分即为裁剪得到的部分，用户可以通过调整裁剪边框，得到满意的裁剪效果（如下图），最后按 Enter 键或双击鼠标键确认。

摄影技巧

相机对准被摄物体后，焦距系统会自动调整镜头，达到准确对焦，即自动对焦。自动对焦效率高，速度快，使用方便。

对焦是拍摄过程中一个很重要的步骤，快速的对焦可以提高拍摄的质量。那么我们该如何加快对焦速度呢？对于静态的物体来说，对焦并不困难，可以慢慢进行各种调整。但是在高速运动和体育摄影中，对焦就相当困难了，因为运动摄影的速度很快，拍摄机会稍纵即逝。

024 照片定制尺寸裁剪

　　我们经常会自己制作电脑桌面，但很多照片原来和电脑桌面的比例并不一致，如果直接设置为桌面，照片会出现变形的情况。为了避免这种情况，我们需要用到 Photoshop 的定制尺寸裁剪功能，从而得到令我们满意的桌面。

软件操作

01 执行"文件 > 打开"命令，在弹出的对话框中，选择本书配套光盘中的"第 2 章 \ 原图 \ 照片定制尺寸裁剪 .jpg"文件，单击"打开"按钮打开此素材。

02 先选择裁剪工具，然后在画面上方的定制裁剪尺寸的表格中填入相应数值：宽度为 1024px，高度为 768px，分辨率为 72（如下图左），按住鼠标左键，在照片上拖放，然后调整裁剪边框至满意的裁剪范围（如下图右）。最后双击鼠标左键确认，即可得到想要的桌面图片。

摄影技巧

　　首先预设好对焦点，当被摄影进入预定焦点时随即按下相机的快门，这就是陷阱调焦。陷阱调焦很适用于体育摄影，可以拍摄跳高运动员飞过横杆的动作等。拍摄时，可以先把焦点调在运动员可能越过横杆的某一点，然后把焦点锁定，使其不再前后移动，最后视运动员飞跃横杆时的情况按下快门，即可拍摄到清晰度很高的照片。

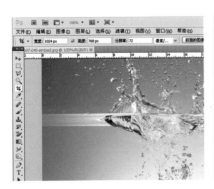

025 扶正歪斜的照片

本例原图片中的主体图像明显倾斜于视线水平线，需要调整画面与视线水平，我们可以在 Photoshop 中变换选区得到与视线水平的画面。

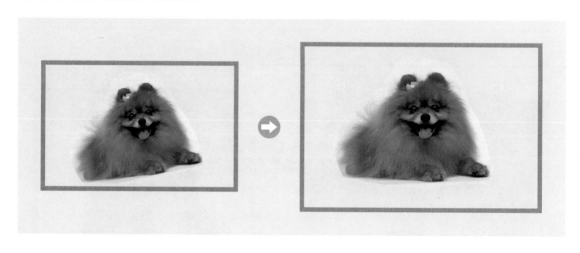

软件操作

01 执行"文件 > 打开"命令，在弹出的对话框中，选择本书配套光盘中的"第 2 章 \ 原图 \ 扶正歪斜的照片 .jpg"文件，单击"打开"按钮打开此素材。

02 选择工具栏中的矩形选框工具，然后按住鼠标左键，选中画面中歪斜的图像部分；执行"编辑 > 自由变换"命令，接着将鼠标移到变形边框四周的任意一角外侧，按住鼠标左键，逆时针拖动画面至水平（如下图）；松开鼠标左键，执行"选择 > 取消选择"命令，按 Enter 键即可得到与视线水平的图片。

 摄影技巧

和陷阱对焦不同，追踪对焦是一种动态对焦方式，它通过追踪被摄物体轨迹不断改变焦距，从而拍摄出清晰的影像。追踪对焦一般是专业摄影人员使用的方法，一些高档数码相机中专门配置了追踪对焦模式。对于普通用户和初学者来说，虽然达不到那样的要求，却可以利用追踪对焦的方式，采用较小的光圈拍摄运动中的物体。

026 调整几何失真的照片

本例原图片的主体图像出现了明显的几何失真现象，我们可以利用 Photoshop 中的"自由变换"命令进行调整，使之正常。

软件操作

01 执行"文件 > 打开"命令，在弹出的对话框中，选择本书配套光盘中的"第2章\原图\调整几何失真的照片.jpg"文件，单击"打开"按钮打开此素材。

02 执行"选择 > 全部"命令，接着执行"编辑 > 自由变换"命令，同时按住 Ctrl 键与 Shift 键，移动鼠标至选框右上角（如下图左）；然后按住鼠标左键，向右侧拖动，直至画面右侧达到垂直（如下图右）；松开鼠标左键，按 Enter 键确认，执行"选择 > 取消选择"命令。然后用同样的方法调整画面左侧达到垂直效果，即可得到理想的照片。

摄影技巧

　　顺光是从照相机背后方向照射过来的光线，由于光线是从正面方向均匀地照射在被摄物表面，受光面积大，阴影少。拍摄时，测光和曝光控制相对比较容易，即使是用自动曝光模式，一般也不会出现曝光上的失误。但它的缺点也是明显的——即使被摄物表面凹凸不平，因受光强度完全相同，阴影不易显现，因而会导致物体缺乏质感和立体感，整个照片看上去是平面的。正面光尤其不适用较大的场景，譬如风光或者人像合影（通常大家会发现，顺光拍摄的大合影中，每个人的鼻子只剩下了两个黑孔）。

027 调整桶形失真

在使用广角镜头或变焦镜头的最广角端时，很容易造成好照片桶形失真的现象。本例将介绍如何矫正桶形失真的照片。

软件操作

01 执行"文件 > 打开"命令，在弹出的对话框中，选择本书配套光盘中的"第2章 \ 原图 \ 调整桶形失真 .jpg"文件，单击"打开"按钮打开此素材。打开后，可以明显地看到因为拍摄原因造成了原本垂直的香水瓶边缘严重的桶形失真现象（如下图）。

摄影技巧

桶形失真（Barrel Distortion）又称桶形畸变，它是由镜头引起的成像画面呈桶形膨胀状的失真现象。在使用广角镜头或变焦镜头的最广角端时，最容易产生桶形失真现象。当画面中有直线（尤其是靠近相框边缘的直线）的时候，桶形失真最容易产生。普通消费级数码相机的桶形失真率通常为1%。

与桶形失真相对的是枕形失真。

02 选择工具栏中的矩形选框工具 ▣，框选照片中的香水瓶（如下图）。

03 执行"编辑 > 变换 > 变形"命令，然后单击鼠标右键，在弹出的对话框中选择"变形"命令（如下图）。

04 调整变形边框左右两边中间的两个节点向画面中间方向移动，直至香水瓶边缘变为垂直（如下图）。

摄影技巧

侧光是指从被摄物体侧面照射过来的光线，它能使被摄体表面由于凹凸不平而呈现出部分阴影，使物体受光面与明暗面各自有明显的表现，既能勾勒出被摄物体的轮廓，又能体现立体感。侧光的表现力最强，因此侧光是摄影用光时最为常用的光线。但在运用时，要注意受光面与暗面在画面造型中所占的比例。通常，斜射光的角度是最好的，当光线的方向与景物平面成45°左右的角度时，光线使被摄物体受光面与阴暗面的比例大致相当，比较符合人们日常生活中的视觉习惯。

摄影技巧

逆光是指从被摄体背后照射过来的光线。逆光拍摄很容易使被摄物体变成剪影，因此对于曝光的把握相对困难一些，往往不推荐初学者逆光摄影。但是逆光能给被摄物体外缘镶上一条动人轮廓光边（如果是阳光，就是金边）。如果处理适当，便可创作出独特的美感，拍摄出艺术味十足的光影感觉。

在拍摄逆光照片时需要注意的是，逆光时前景与背景的光比过大，往往会造成背景曝光过度或者前景曝光不足。为了缩小光比，一定要注意为前景补光，可以用反光板或闪光灯——如果逆看阳光拍摄时用闪光灯，因为它可以缩小前景与背景的光比。

028 调整失焦照片

拍摄的时候如果没有对好焦，会使得照片比较模糊，我们可以利用 Photoshop 进行相关处理使之变得清晰，此例我们就来学习如何调整失焦照片。

摄影技巧

摄影中应注意微距离拍摄的减光。

微距拍摄时，距离太近，如果直接闪光，会导致照片曝光过度。因此在一般情况下，最好不要在微距拍摄时使用闪光灯。如果需要使用最好用餐巾纸等透光物体把闪光灯遮住，减弱光线之后使用。

软件操作

01 执行"文件 > 打开"命令，在弹出的对话框中，选择本书配套光盘中的"第2章\原图\调整失焦照片.jpg"文件，单击"打开"按钮打开此素材。

02 选择工具栏中的锐化工具 △，然后按住鼠标左键，在画面上想要清晰的地方涂抹（如下图），可以看到，涂抹过的地方变得清晰了，如果一次不够，可重复此操作。

操作技巧

在 Photoshop 的滤镜中，同样提供了锐化功能，包括 USM 锐化、进一步锐化、锐化、锐化边缘、智能锐化 5 种锐化方式，可以根据具体的照片选择适合的锐化方式。

029 去除照片上的日期

　　现在的数码相机一般都提供了自动显示日期的功能，虽然有日期可以方便记录，但很多时候，照片上的日期也会影响照片的美感，我们可以利用 Photoshop 的仿制图章工具去除照片的日期。

软件操作

01 执行"文件 > 打开"命令，在弹出的对话框中，选择本书配套光盘中的"第 2 章\原图\去除照片上的日期 .jpg"文件，单击"打开"按钮打开此素材。

02 选择工具栏中的仿制图章工具，可以用"["键和"]"键调整图章大小直至合适，按住 Alt 键，在想要仿制的部分（日期的周围）单击鼠标左键；然后松开 Alt，在日期上慢慢涂抹，直至日期完全消失（如下图左）。注意涂抹范围不要太大，不然会影响画面上的其他部分。最终效果如下图右。

摄影技巧

　　要拍摄出一张好的照片，除了要运用好光线外，框架的搭建也相当重要，而这种框架就是照片的构图。摄影照片的构图并不需要太过局限于某种框架，主要是要发挥自己的想象力。构图是从摄影者的眼睛做起的，构图的过程也被称为"预见"，就是在拍摄某一物体之前或正在拍摄的时候，就能在脑海中形成一个图像或印象。通过经常分析，这种预见本领会更强，进而变成一种"本能"。

030 去除照片中多余的人物

　　很多人都有这样的经历，在风景区拍照的时候，很容易把其他人拍进自己的照片中，本例介绍如何将多余的人物从照片中去除。

操作技巧

　　仿制图章工具的快捷键为S，进行仿制的时候，对仿制点的选择是很重要的，需要认真选择。

软件操作

01 执行"文件 > 打开"命令，在弹出的对话框中，选择本书配套光盘中的"第2章\原图\去除照片中多余人物.jpg"文件，单击"打开"按钮打开此素材。

02 为了方便操作，可用放大工具将多余人物部分放大（如下图左）。选择工具栏中的仿制图章工具，按住鼠标左键，在人物旁边进行仿制，然后松开左键，将人物慢慢地抹掉（如下图右），注意要反复仿制，以保证仿制图案的正确。

031 增加照片的景深

由于镜头原因，普通相机拍摄出来的照片景深不够突出，我们可以通过虚化四周来增加照片的景深。

软件操作

01 执行"文件 > 打开"命令，在弹出的对话框中，选择本书配套光盘中的"第2章\原图\增加照片的景深.jpg"文件，单击"打开"按钮打开此素材。

02 用椭圆选框工具在照片中拖出一个椭圆选框将主题部分选中（如下图左），然后依次执行"选择 > 反选"命令和"选择 > 修改 > 羽化"命令，将羽化值设为100；最后执行"滤镜 > 模糊 > 高斯模糊"命令，将半径值设为3.5（如下图右），单击"确定"按钮。

摄影技巧

决定景深的三个基本因素：

光圈：光圈大小与景深成反比，光圈越大，景深越小。

焦距：焦距长短与景深成反比。焦距越大，景深越小。

像深：景深前界和景深后界是分别共轭的两个成像平面之间的距离。像深越大，景深也就越大。

确定景深的标准：135相机可允许的模糊圈直径一般为0.033mm。

032 突出照片主体

　　在平时拍摄的时候，由于拍摄的构图原因，画面的主体往往不够突出，下面我们就来学习如何利用 Photoshop 调整图片，使其主体更加突出。

软件操作

01 执行"文件 > 打开"命令，在弹出的对话框中，选择本书配套光盘中的"第 2 章 \ 原图 \ 突出照片主体 .jpg"文件，单击"打开"按钮打开此素材。

02 选择工具栏中的裁剪工具 █，按住鼠标左键，在画面中拖出一个矩形裁剪框（如下图）。可以通过调整裁剪框四周的节点来调整裁剪的范围直至得到合适的裁剪范围，最后按 Enter 键确认即可。

摄影技巧

　　在摄影的时候，我们应该有意识地将拍摄的主图突出。这要求我们对照片的构图有比较好的把握，可以缩短焦距，将主体突出；也可以利用大光圈，加大景深，使得背景比较模糊，从而突出主体。

033　去除照片上的墨迹

　　如果不小心将墨迹滴到了心爱的照片上，虽然无法把照片上的墨迹去掉，但可以将照片扫描进电脑，然后利用 Photoshop 去除，本例将介绍如何去除照片上的墨迹。

软件操作

01 执行"文件 > 打开"命令，在弹出的对话框中，选择本书配套光盘中的"第 2 章 \ 原图 \ 去除照片上的墨迹 .jpg"文件，单击"打开"按钮打开此素材。

02 选择工具栏中的污点修复画笔工具，然后按住鼠标左键在墨迹上进行涂抹，直至将墨迹全部覆盖住（如下图左），松开鼠标左键，可以看到，虽然大部分墨迹去除了，但在画面边缘留下了黑色的印记，需要再一次用污点修复画笔工具进行涂抹，多次涂抹直至印记完全消失。

摄影技巧

　　在一个平坦的影像平面上，形象的清晰度是从中央向外发生变化的，聚焦形成弧形，这种现象叫做场曲。

　　其产生的原因是中心离镜头近，周边离镜头远。一般拍摄团体人像时安排成弧形，就是为纠正这一缺点。

034 高反差保留锐化图片

此例介绍在 Photoshop 中如何运用高反差保留滤镜来锐化照片。

软件操作

01 执行"文件 > 打开"命令，在弹出的对话框中，选择本书配套光盘中的"第 2 章 \ 原图 \ 高反差保留锐化图片 .jpg"文件，单击"打开"按钮打开此素材。

02 按 Ctrl+J 组合键复制图层，执行"滤镜 > 其他 > 高反差保留"命令（如下图左），在弹出的"高反差保留"对话框中将半径值设为 10，单击"确定"按钮，最后在"图层"版面中将此图层的叠加模式改为"柔光"（如下图右）。

摄影技巧

目前的数码相机大多采用功能转盘对 LCD 液晶屏等进行操控，这些设计都比较简洁和有条理，容易使用户更快地掌握相机的功能，并带来更多的拍摄乐趣。但需要注意的是，在选购相机时，最好实地进行一些操作，比如改变分辨率、调整光圈快门、删除图片、转换模式等，因为说明书或者别人介绍的资料并不能完全反映出其操控系统的便利性，实际操作一下，才能有更加深刻的印象。

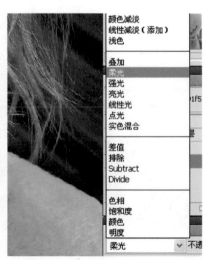

035 去除噪点

在光线不好的条件下拍照，可以通过增加 ISO 值保证拍摄质量，但是会增加照片的噪点，本例介绍如何利用 Photoshop 去除噪点。

软件操作

01 执行"文件 > 打开"命令，在弹出的对话框中，选择本书配套光盘中的"第 2 章 \ 原图 \ 去除噪点 .jpg"文件，单击"打开"按钮打开此素材。

02 执行"滤镜 > 杂色 > 减少杂色"命令（如下图左），在弹出"减少杂色"对话框中，将强度值设为 10，保留细节值设为 5，减少杂色值设为 80，锐化细节值设为 10（如下图右），单击"确定"按钮。

操作技巧

反光伞外观和普通伞一样，但其内面是银白色，反光能力强。使用时，把伞安置在可以变换角度的云台上，用强光灯照射伞内，散射出的光线很柔和，阴影也淡，是理想的光源。拍摄人像特写时，不受强光的刺激，最适合拍摄人像或静物。

036　去除紫边

辛苦拍摄的照片，放在电脑上看的时候发现有紫边是比较郁闷的事情，不过；利用 Photoshop 去除紫边非常简单，此例中我们就来学习如何去除紫边。

摄影技巧

在太阳与被摄物之间，使用白薄塑料布、尼龙布等，可以使光线柔和，降低反差。

软件操作

01 执行"文件 > 打开"命令，在弹出的对话框中，选择本书配套光盘中的"第2章\原图\去除紫边.jpg"文件，单击"打开"按钮打开此素材。

02 执行"图像 > 调整 > 色相 / 饱和度"命令（如下图左），在弹出的"色相 / 饱和度"对话框中，将颜色选为"洋红"，最后将色相值设为22，饱和度值设为 –51（如下图右）。

操作技巧

调整色相 / 饱和度的快捷键为 Ctrl+U，可以调整整体色彩的色相 / 饱和度，也可以调整单一色彩的色相 / 饱和度。

第 3 章
照片光影处理

光影永远都是摄影艺术最重要的主题，只有真正懂得如何运用光影，才有可能拍出好照片，现在有了 Photoshop，对于那些光影处理不当的照片，我们也有机会将它处理得非常漂亮。本章我们就来学习如何处理照片的光影。

037 调整照片亮度

本例原图片拍摄时光线偏暗，照片的亮度比较低，现在我们对照片的亮度进行调整。

摄影技巧

装饰光主要是打出眼神光，使用的是较小的灯，在其他光种达不到的地方局部加强亮度，表现质感和轮廓。现实中，也多用这种灯光消除人物面部的缺陷，如使瘦削的面庞显得丰满些。

操作技巧

调整亮度和对比度的时候，也可以通过用鼠标施放亮度和对比度下面对应的横条进行调整，向右拖动可以增加亮度、加强对比度。

软件操作

01 执行"文件 > 打开"命令，在弹出的对话框中，选择本书配套光盘中的"第3章\原图\调整照片亮度.jpg"文件，单击"打开"按钮打开此素材。

02 执行"图像 > 调整 > 亮度/对比度"命令（如下图左），弹出"亮度/对比度"对话框。将亮度的数值改为50（如下图右），可以看到照片的亮度提高了，但是因为是整体提高亮度，使得照片有些偏灰，所以需要为照片增加对比度。接着将对比度的数值改为40（如下图右），可以看到照片的对比度增强了，层次也出现了，然后单击"确定"按钮得到亮度提高后的图片。

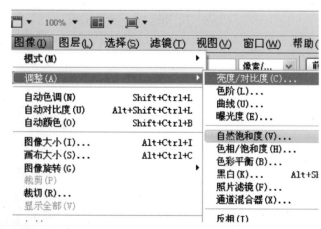

038 整体曝光不足的调整

在平时拍摄照片时，经常会出现一些曝光不足的情况，可以通过 Photoshop 的曲线调整功能调整曝光不足的照片。

软件操作

01 执行"文件 > 打开"命令，在弹出的对话框中，选择本书配套光盘中的"第3章 \ 原图 \ 整体曝光不足的调整 .jpg"文件，单击"打开"按钮打开此素材。

02 执行"图像 > 调整 > 曲线"命令（如下图左），弹出"曲线"对话框。用鼠标在对话框中的黑色实线中间单击一下，得到一个黑色的调节点。然后对准这个黑色点，按住鼠标左键，向左上方移动（如下图右），可以看到图片的亮度增强了，多试几次，得到理想的效果后，放开鼠标左键，单击"确定"按钮。

> **操作技巧**
>
> 曲线调整节点是可以增加的，在适当的时候，多增加几个曲线调整节点可以得到更好的效果。

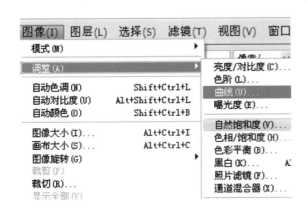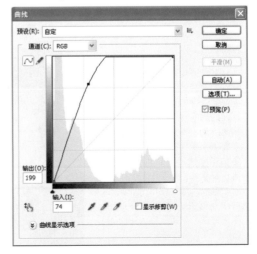

039 局部曝光不足的调整

由于处于逆光，画面中人物部分的亮度比较低，调整局部的曝光不足可使画面的亮度一致。

摄影技巧

　　白头指的是一种摄影镜头，平时我们使用的大多是有镜头膜的镜头，因为是增进膜，所以反光比较少，于是镜头看起来是淡紫色的。而没有镀膜的镜头，反光比较多，看起来泛着白光，所以成为白头。

软件操作

01 执行"文件 > 打开"命令，在弹出的对话框中，选择本书配套光盘中的"第3章 \ 原图 \ 局部曝光不足的调整 .jpg"文件，单击"打开"按钮打开此素材。

02 照片中的人物由于处于逆光状态而曝光不足，相反，窗子部分的光线充足而且比较亮，所以这时我们就有必要用到局部曝光不足的调整，首先用"多边形套索工具"（工具栏中第一竖排第二个工具）将人物的部分轮廓选中（如下图左）。为了使边缘效果比较自然，要执行"选择 > 修改 > 羽化"命令，将羽化值设为20（如下图右）。然后执行"图像 > 调整 > 曲线"命令，调整曲线至合适的亮度（具体方法可参考案例039"整体曝光不足的调整"），最后确认即可。

摄影技巧

　　当看到戏剧性的风暴天空时，人就会到处奔跑，试图发现其前景中的某些兴趣点。戏剧性的天空可以创造出无法从其他场景中得到的感觉，正如古典画家表现出的那样。如果要拍摄穿透云层的几缕阳光，请不要从光柱处获取测光表读数。这一点同样使用于表现撞击礁石时并发的白色浪花泡沫。记住，如果天空太阴暗的话，测光表会过曝。

040 曝光过度的调整

许多做摄影的朋友可能由于设备不够专业或拍摄经验不足，致使拍摄出来的照片存在曝光过度现象，这时就需要利用 Photoshop 中的"曝光度"命令进行适当的调节。

软件操作

01 执行"文件 > 打开"命令，在弹出的对话框中，选择本书配套光盘中的"第 3 章 \ 原图 \ 曝光度的调整 .jpg"文件，单击"打开"按钮打开此素材。

02 执行"图像 > 调整 > 曝光度"命令（如下图左），将曝光度的数值改为0.1，移位的数值改为 –0.1，灰度系数改为 1.00（如下图右），单击"确定"按钮。

摄影技巧

在拍摄一些雪景照片时，还可以采用相机的长焦端拍摄。最好用上三脚架，避免因为手的抖动影响画面的清晰度。

 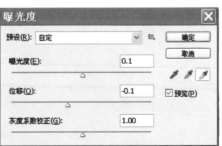

041 修正人物面部高光

由于光线反射或者面部过于油腻，人物的面部经常会出现局部高光的现象，为了使人物的面部比较柔和，我们可以将高光部分处理掉。

软件操作

01 执行"文件 > 打开"命令，在弹出的对话框中，选择本书配套光盘中的"第3章 \ 原图 \ 修正人物面部高光 .jpg"文件，单击"打开"按钮打开此素材。

02 由于光照原因，照片中的人物面部在脸颊、鼻头和鼻梁处出现了几处明显的高光（如下图左），要将这几处高光部分处理得与周围皮肤协调，可以执行"图像 > 模式 > CMYK 颜色"命令，将图片从 RGB 模式改为 CMYK 模式（如下图右）。

> **操作技巧**
>
> 调整曝光度的命令不能在模式为 CMYK 的照片上使用，如果照片为 CMYK 模式，需先将照片转为 RGB 模式。

03 在工具中选择加深工具，然后在画面上方的范围中选择"高光"（如下图左）。再在"图层"面板的右边选择"通道"，可以看到共有"CMYK"、"青色"、"洋红"、"黄色"和"黑色"5个通道（如下图右）。

操作技巧

CMYK 模式中的 CMYK 是印刷的三原色，而 RGB 是光的三原色为减色混合。色相与混合模式的不同会产生不同的效果。针对这个技巧，CMYK 模式在操作上更方便，修改后的颜色更接近皮肤的颜色。

04 在"通道"面板中，先用鼠标选中"洋红"通道，然后按住 Shift 键，单击"黄色"通道，将"洋红"和"黄色"通道同时选中（如下图左），效果如下图右。

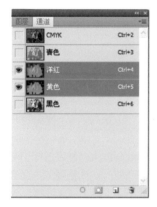

摄影技巧

一般情况下，初学者在拍摄树叶时，总喜欢以"顺光"的角度拍摄，取其青翠、碧绿，令人有欣欣向荣之感。

但是，逆光拍摄的树叶，阳光从树叶透出，树叶那种晶莹剔透的感觉，更是令人惊艳。无论是单叶大特写，还是只取其树叶，均有其不同的感觉。

首先取逆光的角度进行构图。若树叶的周围也是微光的环境，可以降低 EV 值，让树叶的背景变得更暗些，也可以因此而更加彰显主题。远方的树叶有时会容易因风的吹动而摇曳，若有需要，可以提高ISO 值至 ISO200，以提高快门速度。

05 最后用加深工具在人物面部的几处高光部分轻轻涂抹，切忌不要深于周围的颜色，细节部分可以将画笔调小慢慢涂抹，直至高光部分与周围颜色过渡得比较自然即可，然后单击"通道"面板中的"CMYK"通道切换，可以发现高光已经去掉了（如下图）。

操作技巧

对比度是指不同颜色之间的差异。对比度越大，两种颜色之间相差越大，提高它的对比度就更加黑白分明，调到极限时，会变成黑白图像：反之，我们会得到一幅灰色的画布。

042 去除眼镜上的反光

由于光线比较复杂，本例原图片中的人物所戴的眼镜上出现了许多反光，使得照片的眼镜部分比较复杂，我们可以利用 Photoshop 处理掉一些反光使画面更加干净。

操作技巧

用仿制图章工具去除眼镜反光的时候，由于眼镜上的反光比较复杂，大小也不一样，需要用不同大小的画笔反复地、有耐心地操作才能得到满意的效果。

软件操作

01 执行"文件 > 打开"命令，在弹出的对话框中，选择本书配套光盘中的"第 3 章 \ 原图 \ 去除眼镜上的反光 .jpg"文件，单击"打开"按钮打开此素材。

02 为了方便操作，可先用放大工具将人物眼镜部分放大，然后选择仿制图章工具，在画面上方将不透明度设为 50%（如下图左）。调整画笔为适当大小，按住 Alt 键在反光部位的周围仿制，接着松开 Alt 键，反复涂抹反光部分，直至反光消失（如下图右）。

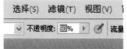

043 增加暗角效果

　　我们平时拍摄，大多数情况下拍出来的光线都比较平均，人物不够突出，这时可以利用 Photoshop 增加暗角效果化背景，从而突出主体人物。

软件操作

01 执行"文件 > 打开"命令，在弹出的对话框中，选择本书配套光盘中的"第 3 章 \ 原图 \ 增加暗角效果 .jpg"文件，单击"打开"按钮打开此素材。

02 执行"图层 > 新建 > 图层"命令，将前景色设置为黑色，选择油漆工具，对新建图层进行填充，然后用椭圆选框工具选中黑色图层的中心部分（如下图左）。接着执行"选择 > 修改 > 羽化"命令，将羽化值设为 100，确认后按 Delete 键将中心的黑色部分删除，即可得到四周的"暗角"效果（如下图右）。操作时，可以反复删除几次直至得到满意的效果。

🔍 **操作技巧**

　　"暗角"的精髓就在于它能将人的视线引向光亮处，突出拍摄主题和趣味中心，尤其在修饰人像作品时，"暗角"还可以营造出时尚大片的光影氛围。

044 医治"红眼病"

现在很多数码相机都提供了防红眼功能，但由于拍摄原因，在照片中出现红眼的现象还是比较普遍，现在我们就来学习如何利用 Photoshop 去除红眼。

软件操作

01 执行"文件 > 打开"命令，在弹出的对话框中，选择本书配套光盘中的"第 3 章 \ 原图 \ 医治"红眼病".jpg"文件，单击"打开"按钮打开此素材。

02 选择椭圆选框工具，将小狗眼睛中的红色部分选中（如下图左），执行"图像 > 调整 > 去色"命令，将红眼部分变为黑白。然后执行"图像 > 调整 > 亮度 / 对比度"命令，将亮度值设为 -50，将对比度值设为 30（如下图右），单击"确定"按钮后小狗的红眼就被去除了。

操作技巧

亮度是各种颜色的图形原色（如 RGB 图像的原色为 R、G、B 三种或各自的色相）的明暗度，亮度的调整也就是明暗度的调整。亮度范围为 0 ～ 255，共分为 256 个等级。而我们通常讲的灰度图像，就是在纯白色和纯黑色之间划分了 256 个级别的亮度，从白到黑，再转黑。同理，在 RGB 模式中则代表各原色的明暗度，即红、绿、蓝三原色的明暗度，从浅到深。

第 4 章
图片色彩的调整

色彩使照片变得更加绚丽生动。对于色彩不够好的数码照片，我们可以用 Photoshop 对其进行调整，本章我们就来学习 Photoshop 的调色功能。

045 调整对比度

有时候由于摄影方法不当，拍出来的照片会令人感觉偏灰，那照片是不是就浪费了？不用担心，我们可以通过提高照片的对比度使其漂亮起来。

摄影技巧

从光学意义上讲，色相差别是由于光波波长的长短不同产生的。即使是同一类颜色，也能分为几种色相，如黄颜色可以分为中黄、土黄、柠檬黄等，灰颜色则可以分为红灰、蓝灰、紫灰等。

软件操作

01 执行"文件 > 打开"命令，在弹出的对话框中，选择本书配套光盘中的"第 4 章 \ 原图 \ 调整对比度 .jpg"文件，单击"打开"按钮打开此素材。

02 执行"图像 > 调整 > 色阶"命令（如下图右），弹出"色阶"对话框，将输出色阶第一个数值改为 110，第二个数值改为 0.8（如下图右），第三个数值不变，最后单击"确定"按钮。

操作技巧

调整色阶的快捷键为Ctrl+L组合键，除了输入数值的方法，也可以通过拖移3个色阶按钮来调整图片的色阶。向右拖移为加深，反之为减淡。

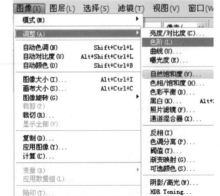

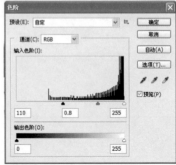

046 使照片色彩更鲜艳

由于天气或者环境等方面原因，拍摄的照片总会出现不够鲜艳的问题，利用 Photoshop 解决这个问题再轻松不过了。

软件操作

01 执行"文件 > 打开"命令，在弹出的对话框中，选择本书配套光盘中的"第 4 章 \ 原图 \ 使照片色彩更鲜艳 .jpg"文件，单击"打开"按钮打开此素材。

02 执行"图像 > 调整 > 色相 / 饱和度"命令，弹出"色相 / 饱和度"对话框（如下图左），将色相对应的数值改为 27，饱和度对应的数值改为 40（如下图右），单击"确定"按钮，这时画面立即变得鲜艳起来，如果觉得不够鲜艳，可以再适当加一点饱和度。

💡 **操作技巧**

设备分辨率又称输出分辨率，指的是各类输出设备每英寸上可产生的点数，如显示器、喷墨打印机、激光打印机、绘图仪的分辨率。这种分辨率通过DPI来衡量，目前，PC显示器的设备分辨率为60~120dpi。

💡 **操作技巧**

执行"色相/饱和度"命令的快捷键为Ctrl+U组合键。为照片加饱和度的时候，切忌不能加得太过而导致照片失真。

047 增加局部色彩

此例将介绍如何调整一张图片的局部色彩。可以看到案例中的主体部分，橘肉的红色不够鲜艳，由于其他部分只是陪衬，所以我们只需要调整主体部分就可以了。

摄影技巧

进行水果和蔬菜的拍摄时，构图上是很讲究的，一方面要顾及拍摄主体在画面中的合理位置，另一方面要关注画面的明暗对比。如果画面内容非常充实，使用黄金分割法的构图方法，即可获得较好的视觉效果。

软件操作

01 执行"文件 > 打开"命令，在弹出的对话框中，选择本书配套光盘中的"第 4 章 \ 原图 \ 增加局部色彩 .jpg"文件，单击"打开"按钮打开此素材。

02 先选择多边形套索工具，将橘肉部分选中（如下图左）。然后执行"选择 > 修改 > 羽化"命令，输入羽化值为 20，单击"确定"按钮，接着执行"图像 > 调整 > 色相 / 饱和度"命令，将色相对应的数值改为 –11，饱和度改为 15（如下图右），单击"确定"按钮。

操作技巧

饱和度是指色彩的鲜艳程度，也称色彩纯度。饱和度取决于该色中含色成分和消色成分（灰色）的比例。含色成分越多，饱和度越大；消色成分越多，饱和度越小。

048 彩色照片变黑白

对于某些照片，有时将原本的彩色效果变为黑白效果会更有味道一些。这里将介绍如何将彩色照片变为黑白照片。

软件操作

01 执行"文件 > 打开"命令，在弹出的对话框中，选择本书配套光盘中的"第4章\原图\彩色照片变黑白.jpg"文件，单击"打开"按钮打开此素材。

02 执行"图像 > 调整 > 去色"命令（如下图左），去除色彩后的图片即变为黑白两色。然后执行"图像 > 调整 > 亮度/对比度"命令，将亮度值设为20，对比度设为5（如下图右），单击"确定"按钮。

📷 **摄影技巧**

实现黑白照片的方法：

方法一：使用相机里的黑白模式拍摄；

方法二：用PS中的去色工具实现黑白效果。

实现高反差照片的方法：选择光线好的天气拍摄，尽量使用侧逆光拍摄。

✿ **操作技巧**

我们还可以通过执行"图像>颜色模式>灰度"命令将一张彩色照片转换为黑白照片。

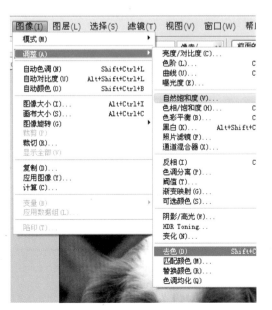

049 锐化图片

有时候由于对焦不准等原因，拍出来的照片会有图像不清晰、模糊或者虚焦等现象，Photoshop 提供了锐化功能，在某种程度上可以帮你解决这个问题。

摄影技巧

在摄影这个行业中，虚焦是个贬义词，图片最忌讳的就是虚焦。虚焦画面是指整个画面没有焦点，没有一处是清晰的，从技术上讲就是废品。

软件操作

01 执行"文件 > 打开"命令，在弹出的对话框中，选择本书配套光盘中的"第 4 章 \ 原图 \ 锐化图片 .jpg"文件，单击"打开"按钮打开此素材。

02 执行"滤镜 > 锐化 > USM 锐化"命令（如下图左），弹出"USM 锐化"对话框，然后将数量改为 80，半径改为 3，阈值改为 4（如下图右），单击"确定"按钮后可得到锐化后的图片。

操作技巧

"USM锐化"通过增加图像边缘的对比度锐化图像。"USM锐化"不检测图像中的边缘，相反它会按指定的阈值找到与周围像素不同的像素值；然后，它将按指定的量增强邻近像素的对比度。因此，对于邻近像素将变得更亮，较亮的像素将变得更亮，而较暗的像素将变得更暗。

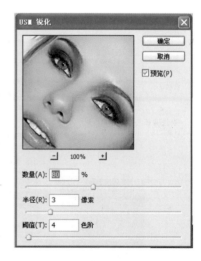

050 柔化图片

此例人物轮廓过于清晰，头发丝也很清楚，使得照片感觉稍显杂乱，下面我们就来学习如何柔化人物的轮廓，让照片看起来更加柔和。

软件操作

01 执行"文件 > 打开"命令，在弹出的对话框中，选择本书配套光盘中的"第4章 \ 原图 \ 柔滑图片 .jpg"文件，单击"打开"按钮打开此素材。

02 使用多边形套索工具将需要柔化的部分沿人物轮廓内侧选中（如下图左），执行"选择 > 修改 > 羽化"命令，将羽化值设为 50。然后执行"滤镜 > 模糊 > 高斯模糊"命令，将半径值设为 1（如下图右），单击"确定"按钮。

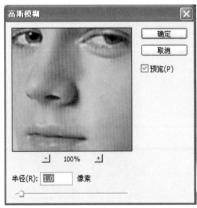

摄影技巧

对于背景的处理要力求简洁。"绘画和摄影艺术表现手段的不同，在于绘画用的是加法，摄影用的是减法"，而其中重要的是将背景中可有可无的有碍突出主题的东西减去，以达到画面的简洁精练。

操作技巧

高斯模糊是根据高斯曲线调节像素值，有选择地模糊图像。高斯模糊能够把某一高斯曲线周围的像素值统计起来，采用数学上加权平均的计算方法得到这条曲线的色值。最后留下人物的轮廓，即曲线，也就是当 Adobe Photoshop 将加权平均应用于像素时生成的钟形曲线。

051 调整照片色彩对比

此例背景中树木的色彩偏灰，不够鲜艳，需要还原树木的绿色，以使得照片的氛围更加符合照片的本色。

操作技巧

位图图像的像素大小（图像大小或高度和宽度）是指沿像素的宽度和高度测量出的像素的数值。

分辨率是指位图图像中的细节精细度，测量的单位是像素/英寸（ppi）。每英寸的像素数量越多，分辨率就越高。一般情况下，图像的分辨率越高，得到的打印的图像质量就越好。

软件操作

01 执行"文件 > 打开"命令，在弹出的对话框中，选择本书配套光盘中的"第 4 章 \ 原图 \ 调整照片色彩对比 .jpg"文件，单击"打开"按钮打开此素材。

02 执行"图像 > 调整 > 可选颜色"命令（如下图左），弹出"可选颜色"对话框，然后在此对话框中选择"黄色"，将从上至下的 4 个数值依次改为 100、-10、10、20（如下图右），单击"确定"按钮。可以看到，画面中的树木的颜色已经还原。

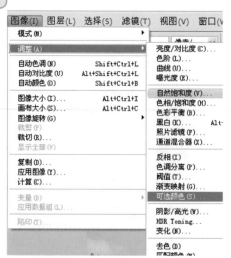

052 保留局部色彩

我们有时会看到一种照片只有某一部分保留一种颜色，其余部分全都为黑白的照片处理效果，此例我们就来学习这种效果的制作方法。

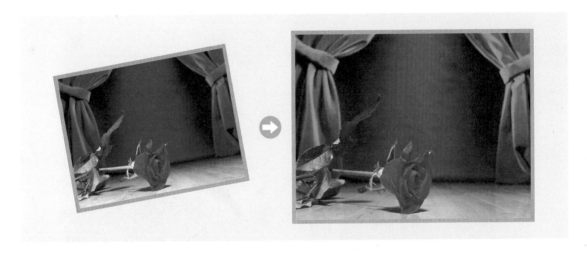

软件操作

01 执行"文件 > 打开"命令，在弹出的对话框中，选择本书配套光盘中的"第4章 \ 原图 \ 保留局部色彩 .jpg"文件，单击"打开"按钮打开此素材。

02 执行"图像 > 调整 > 可选颜色"命令，将图片变为单色，然后选择工具栏中的历史记录画笔工具 ✍，在玫瑰花的部分进行涂抹，直至玫瑰的红色灰度如下图。

摄影技巧

饱和度描述彩色强度的浓度，也称为色彩的纯度。饱和度为零时为白色，最大饱和度可能是最深的颜色。

053 调整偏色照片

拍摄时，光线和天气等原因可能造成类似此例中的照片明显偏色的现象，想要得到正常色彩的照片，其实没有想象中那么困难。

摄影技巧

> 偏色就是照片的色彩不同于眼睛所看到的色彩，主要由环境、光线、天气条件造成。

软件操作

01 执行"文件 > 打开"命令，在弹出的对话框中，选择本书配套光盘中的"第4章 \ 原图 \ 调整偏色照片 .jpg"文件，单击"打开"按钮打开此素材。

02 执行"图像 > 调整 > 色彩平衡"命令，弹出"色彩平衡"对话框（如下图左），先选择"高光"，然后将色阶的3个数值依次改为 -6、5、60（如下图右），最后单击"确定"按钮。

操作技巧

> 色彩平衡快捷键为Ctrl+B，可在色调平衡选项中将图像笼统地分为暗调、中间调和高光3个色调，每个色调可以进行独立的色彩调整。

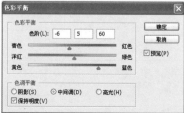

054 制作冷色调

此例介绍通过改变图层叠加模式为照片制作出冷色调效果的相关技巧。

软件操作

01 执行"文件 > 打开"命令，在弹出的对话框中，选择本书配套光盘中的
"第 4 章 \ 原图 \ 制作冷色调 .jpg"文件，单击"打开"按钮打开此素材。
02 新建一个空白图层，用淡蓝色填充，然后将图层叠加模式改为"淡蓝
色"（如下图左）。为蓝色图层添加蒙版，接着选择画笔工具，将笔触选为柔
和角 100 像素，透明度设为 20，在人物部分适当涂抹以使照片显出一些色
彩（如下图右）。

操作技巧

Photoshop RGB颜色模式
使用RGB模型，并为每一个像
素分配一个强度值。在8位/通
道的图像中，彩色图像的每个
RGB（红色、绿色、蓝色）分
量的强度值为0（黑色）~255
（白色）。例如，亮红色的R
值可能为246，G值为20，而
B值为50，当这三个分量值相
等时，结果为中性灰度级；当
所有分量的值均为255时，结
果为纯白色；当这些值都为0
时，结果为纯黑色。

055　Lab转灰度效果

此例主要介绍在 Photoshop 中如何运用"Lab"模式将照片转换为"灰度"。

摄影技巧

　　彩色感光材料记录的是五颜六色，表现色彩之间的色调对比是其重要特征。色调，主要是指彩色摄影中画面色彩的基调，由色彩的明暗和色别组成。在画面上起着主要作用，或在量上占有相当比重的色彩称为主色调。根据色相的不同，色彩分为红、橙、黄、绿、青、蓝、紫；因饱和度不同每种色彩都会产生多种灰度不同的色彩，它们构成了彩色摄影作品丰富的色调。就彩色摄影而言，不讲究色调运用的彩色照片称不上好照片。摄影者可根据拍摄的内容确定画面的基调，色彩在画面上的作用不仅是再现自然，更重要的是通过色彩的选择、控制和运用达到良好的艺术效果。

软件操作

01 执行"文件 > 打开"命令，在弹出的对话框中，选择本书配套光盘中的"第 4 章 \ 原图 \ Lab 转灰度效果 .jpg"文件，单击"打开"按钮打开此素材。

02 执行"图像 > 模式 > Lab 颜色"命令（如下图左），在"通道"面板中选中 a、b 两个通道，单击右下角的"删除当前通道"按钮，将这两个通道删除（如下图右），最后将此照片保存为 PDS 文件即完成操作。

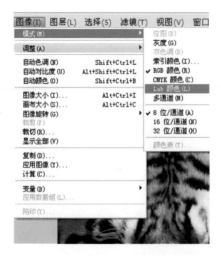

056 通道混合器转灰度效果

此例主要介绍在 Photoshop 中如何运用通道混合器将照片转换为"灰度"。

软件操作

01 执行"文件 > 打开"命令，在弹出的对话框中，选择本书配套光盘中的"第 4 章 \ 原图 \ 通道混合器转灰度效果 .jpg"文件，单击"打开"按钮打开此素材。

02 执行"图像 > 调整 > 通道混合器"命令（如下图左），在弹出的"通道混合器"对话框中将"默认值"改为"使用红色滤镜的黑白"（如下图右），单击"确定"按钮。

摄影技巧

　　直方图使用图形表示图像的每个亮度级别的像素数量，表示图像中像素的分布图。直方图显示图像在阴影（显示在直方图左边的部分）、中间调（显示在中间部分）和高光（显示在右边部分）中包含的细节是否足以在图像中进行适当的校正。

　　在不考虑构图如何的前提下，一般家庭数码照片的直方图分布形式与第三种模式（中间凸，两端相对凹陷）类似，是比较令人满意的。中间色调是一般环境下分布最多的，中间色调越饱满，说明这张照片的色彩越丰富。色彩丰富、层次感好的照片，它的色彩也是大部分人乐于接受的。

057 为黑白照片增加微妙色彩

此例将介绍如何为普通的黑白照片添加一些色彩（比如偏色），使得照片出现比较微妙的色彩关系。

操作技巧

显示器的分辨率是通过像素大小来描述的。例如，若显示器的分辨率与照片的像素大小相同，则按照100%的比例查看照片时，该照片将填满整个屏幕。图像在屏幕上显示的大小取决于下列因素的组合：图像的像素大小和显示器的分辨率设置。

操作技巧

通过调整色彩平衡，可以制作出很多意想不到的色彩效果，我们可以尝试调出自己喜欢的色彩效果。

软件操作

01 执行"文件 > 打开"命令，在弹出的对话框中，选择本书配套光盘中的"第 4 章 \ 原图 \ 为黑白照片增加微妙色彩 .jpg"文件，单击"打开"按钮打开此素材。

02 执行"图像 > 调整 > 色彩平衡"命令（如下图左），在"色彩平衡"对话框中选择"阴影"，参考下图右所示进行设置，然后单击"确定"按钮。

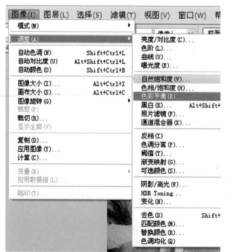

058 制作鸳鸯眼效果

　　生活中的猫咪（如波斯猫）有一些是鸳鸯眼，它们两只眼睛有着不同的颜色，此例将介绍如何给普通猫咪的眼睛制作出鸳鸯眼效果。

软件操作

01 执行"文件 > 打开"命令，在弹出的对话框中，选择本书配套光盘中的"第4章\原图\制作鸳鸯眼效果 .jpg"文件，单击"打开"按钮打开此素材。

02 用套索工具将猫咪的一只眼睛选中，然后执行"选择 > 修改 > 羽化"命令（如下图左），在弹出的对话框中将羽化值设为20，单击"确定"按钮。执行"图像 > 调整 > 色彩平衡"命令，参考下图右进行设置，也可以根据自己的喜好定义猫咪眼睛的颜色。

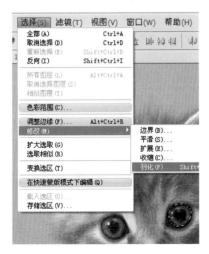

操作技巧

　　执行"羽化"命令时，羽化值越大，羽化的效果就越明显。图片精度越高，羽化值也相应提高。

059 制作发黄色调

本案例将介绍如何为照片制作出怀旧的发黄色调。

📷 摄影技巧

　　在一幅照片中，地平线的位置会给人以强烈的印象。拍摄时，地平线要尽量避免处在照片的等比线上，因为这样做会把照片均分为两半，给人以呆板的感觉。使地平线处在画面下方，会给人以宁静的感觉；而处于上方，给人的感觉则是活泼、有力的。

软件操作

01 执行"文件 > 打开"命令，在弹出的对话框中，选择本书配套光盘中的"第4章 \ 原图 \ 制作发黄的色调 .jpg"文件，单击"打开"按钮打开此素材。

02 执行"图像 > 调整 > 色相 / 饱和度"命令，将饱和度改为 -50（如下图上）。在执行"图像 > 调整 > 色彩平衡"命令，将3个色阶值依次改为34、2、-89（如下图下），然后单击"确定"按钮。

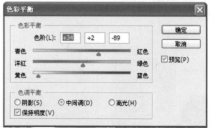

💡 操作技巧

　　"色相/饱和度"命令的快捷键为Ctrl+U，勾选"色相/饱和度"对话框中的"着色"选项时，可以快速为照片上色，然后可以拖动色相/饱和度滑块选择颜色。

第 5 章
老照片翻新效果

老照片翻新即旧照片翻新，就是利用传统的美术制作以及摄影技术，或者运用计算机图形图像处理技术将老化、变质的照片在尽量保持原有格调的基础上翻新、放大。

060 去除照片水渍

很多老照片效果很差，还可能有水渍、油渍等痕迹，本例将介绍如何去除这些痕迹，恢复照片原本的效果。

操作技巧

在使用修复画笔工具时，要记住取样点需与修复点图案相似。本例使用的"蒙尘与划痕"滤镜命令较多，因为老照片经过岁月的洗礼，一定会有很多的斑点、杂点。利用这个滤镜能使这些斑点、杂点模糊化，再使用图层混合模式和不透明度调整整张图片即可获得想要的效果。

软件操作

01 执行"文件 > 打开"命令，在弹出的对话框中，选择本书配套光盘中的"第5章 \ 原图 \ 去除照片水渍 .jpg"文件，单击"打开"按钮打开此素材。

02 执行"图像 > 调整 > 去色"命令，复制图层0，执行"滤镜 > 杂色 > 蒙尘与划痕"命令，在弹出的对话框中将"半径"设置为3，"阈值"设置为9（如下图左1），单击工具栏中的修复画笔工具，执行"滤镜 > 锐化 > USM 锐化"命令，在弹出的对话框中将"数量"设为120，"半径"设置为6，其余为默认值（如下图左2）。再一次执行"滤镜 > 杂色 > 蒙尘与划痕"命令（如下图右2），在"图层"面板将混合模式设为"滤色"，"不透明度"设置为70%。执行"图像 > 调整 > 色阶"命令（如下图右1）。

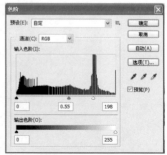

061 修正发黄的照片

有些照片存在偏色，或者是以前的老照片经过扫描，左看右看还是偏黄，本例将介绍如何将发黄的照片颜色调正。

软件操作

01 执行"文件 > 打开"命令，在弹出的对话框中，选择本书配套光盘中的"第 5 章 \ 原图 \ 修正发黄的照片 .jpg"文件，单击"打开"按钮打开此素材。

02 执行"图像 > 模式 > CMYK 颜色"命令，选择"通道"面板，选择"黄色"通道，可以看到黄色通道的色彩比较浓郁，执行"图像 > 调整 > 色阶"命令，在弹出的对话框中，选择"在图中取样已设置白场"的吸管（如下图左）。调整完成后，再执行"图像 > 调整 > 色阶平衡"命令，在弹出的对话框中，分别在"阴影"、"中间调"、"高光"模式中调整黄色和洋红，对照图像进行调整（如下图中）。接下来执行"图像 > 调整 > 亮度 / 对比度"命令，在弹出的对话框中，将"亮度"设为 9，对比度设为 −6（如下图右）。

操作技巧

在调色的步骤中，注意调整模式，CMYK模式通常为印刷模式，在CMYK模式能根据色彩的偏差很快找到我们需要调整的色值。调整得差不多的时候，注意再调整一下"亮度/对比度"，可以让图像更加的柔和、自然。

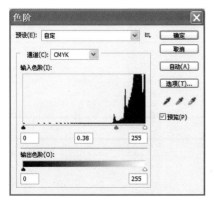

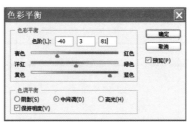

062　修复破损的照片

很多老照片都有不同程度的破损，如何修复呢？下面介绍如何将破损的照片修复，为了巩固大家上一例学到的操作技巧，本例特将色彩变换融入其内。

软件操作

01 执行"文件 > 打开"命令，在弹出的对话框中，选择本书配套光盘中的"第 5 章 \ 原图 \ 修复破损的照片 .jpg"文件，单击"打开"按钮打开此素材。

02 选择工具栏中的钢笔工具，将老照片右上角破损的地方勾出来，按下 Ctrl+Enter 组合键得到选区，再按 Ctrl+J 组合键将选区粘贴到新图层中，回到背景图层，用同样的方法勾出左边大图，复制到一个新图层中（如下图左），单击背景图层前面的眼睛图标将其隐藏。将两个图层的图案进行拼接，完成后按下 Ctrl+Shift+E 组合键将其合成。选择工具栏中的裁剪工具，将拼接好的画布沿图像边缘裁剪。在选择工具栏中的仿制图章工具，在拼接后的空隙地方进行调整（如下图右）。

操作技巧

　　本例将拼点图片和自己修正的图片融合在了一起。将破损的照片拼贴好实际并不难，只是拼贴之后的图片往往没有预想的那么好，这个时候我们常常选用仿制图章工具。需要注意的是取样点和修复点一定要相似，这需要有极大的耐心。

　　如果拼贴在一起的图片不是很理想，特别在拼贴处有很多空白，也可以使用加深工具和减淡工具进行调整。多试验几次，自然熟能生巧。

03 选择工具栏中的矩形工具，在墙上勾出选框（如下图左），按下 Ctrl+J 组合键复制到新图层（如下图中），按下 Ctrl+T 组合键调整窗子的大小，让它和原图上的轮廓吻合（如下图右）。

04 将以上复制出的新图层合并，并将图层的混合模式改为"变暗"，选择使用工具栏中的仿制图章工具进行修正（如下图左）。合并可见图层并复制，在复制层执行"滤镜 > 杂色 > 蒙尘与划痕"命令，在弹出的对话框中对照着图像设置数值（如下图右）。

05 在"图层"面板上将图层的混合模式设置为"明度"（如下图）。

操作技巧

　　修补图片，主要考验制作者的观察力和想象力，调整大小的时候一定要注意与原图的拼接与互动。拼凑出来的效果往往不好，这时也是仿制图章工具发挥作用的时候。

　　老照片往往是通过扫描而得的，常会有些斑点，可以使用"蒙尘与划痕"滤镜调整。如果想使照片显示出来的效果更自然，调整混合模式以及色阶就可以做到。

063 修正老照片色差

　　由于受摄影技术和设备的制约，老照片的拍摄效果有时并不理想，偶尔会出现色差，下面我们就来学习如何利用 Photoshop 去除色差。

摄影技巧

　　黑白摄影没有色彩的因素，完全靠亮度因素来表达，因此，黑、白、灰的组成在每一张照片上都是必不可少的，影调的变化、不同亮度的线条和面积都是画面构成的核心要素。黑、白、灰是相互对比表现出来的，因此在拍摄黑白片时，需要准确了解画面上的亮度构成和对比因素。

软件操作

01 执行"文件 > 打开"命令，在弹出的对话框中，选择本书配套光盘中的"第 5 章 \ 原图 \ 修正老照片色差 .jpg"文件，单击"打开"按钮打开此素材。

02 复制背景图层，执行"图像 > 调整 > 色彩平衡"命令（如下图上）。执行"图像 > 调整 > 曝光度"命令，在弹出的对话框中调整参数（如下图下）。

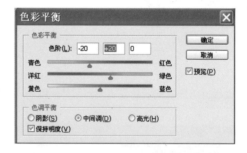

操作技巧

　　处理此类照片时，一般要调整"曲线"和"色阶"，但在调整中可能会失去很多细节。这时，我们可以在两个图层的颜色大致相同时用蒙版将没有颜色的地方再涂一次，将图片中的细节之处还原出来。

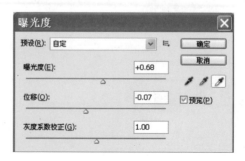

03 用魔术棒选中蓝天部分，再按下 Shift+F6 组合键进行羽化，在弹出的
对话框中将"羽化半径"设置为 10（如下图左），执行"图像 > 调整 > 色
阶"命令，在弹出的对话框中调整参数（如下图右）。

04 用魔术棒选中河流部分，Ctrl+J 复制到新图层，再执行"图像 > 调整 >
色相 / 饱和度"命令，在弹出的对话框中调整参数（如下图）。

05 回到"背景"面板，用仿制图章工具，将不透明度设置为 80%，流量
设置为 90%（如下图左）。对树林与天空和河流的结合部分进行修正，以达
到融合（如下图右）。

> **操作技巧**
>
> 在Photoshop中，通道是个
> 很重要的概念，RGB模式下有
> R、G、B三个通道；CMYK下
> 有C、M、Y、K四个通道。单
> 击通道面板，然后选中任意一
> 个通道，可以通过调整此通道
> 调整照片的某种颜色。

064 修复受损老照片

有些老照片因保存得不好，会受损，本例将介绍如何修复受损的老照片。

操作技巧

在调整前我们先将图片设置为CMYK模式，以便于我们对照片调整，本例中的照片上面斑点很多，在通道中就选择黑色通道（白斑相对少一些的通道），这样，在复制图层时，调整起来要容易一些，特别是本例中图像的鼻子处已经严重受损，只能借助高光来调整人物的鼻子。

软件操作

01 执行"文件 > 打开"命令，在弹出的对话框中，选择本书配套光盘中的"第5章\原图\受损人像的修复.jpg"文件，单击"打开"按钮打开此素材。

02 执行"图像 > 模式 > CMYK 颜色"命令，复制背景图层，打开"通道"面板，选择"黑色"通道，按 Ctrl+A 组合键进行全选，然后按 Ctrl+C 组合键复制，回到"图层"面板，新建一个图层，按 Ctrl+V 组合键进行粘贴，并将图层混合模式改为"变亮"，"不透明度"调整为 70%（如下图左）。单击"图层"面板下方的"创建新的填充或调整图层"按钮，选择"色阶"命令进行调整（如下图右）。

03 执行"图像 > 杂色 > 减少杂色"命令，在弹出的对话框中调整好参数（如下图左），选择"背景副本"图层，执行"滤镜 > 模糊 > 高斯模糊"命令，在弹出的对话框中，将"半径"设置为 5（如下图右），将图层的"不透明度"设置为 50%。

摄影技巧

假如你只是偶尔做人像摄影，没必要购买架子用来稳定灯光、背景或反射板，可以使用代用品，例如把闪光灯固定在三脚架上，把一面墙镜放在椅子上。当手头没有专业设备时，职业摄影师通常也都会这么做。

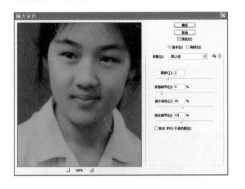 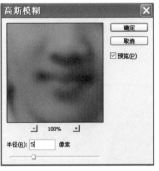

04 合并"背景图层"和"背景副本"图层，利用工具栏中的仿制图章工具，对图层中头发的白点进行覆盖（如下图左），然后利用工具栏中的仿制图章工具和修补工具对背景进行修正（如下图右）。

05 下面修正皮肤受损部位，选择工具栏中的画笔工具，模式选择"变暗"，"不透明度"设置为 70%，每次按 Alt 键取样想涂抹处边上的颜色进行涂抹（如下图左），选择图层 1，用仿制图章工具对皮肤进行覆盖，合并可见图层，执行"滤镜 > 锐化 > USM 锐化"命令，在弹出的对话框中对照着图像调整参数（如下图右）。

 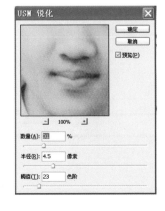

操作技巧

使用画笔工具涂抹背景层，是为下一步使用仿制图章工具制作图层1做准备，因为图层1被设置了不透明度。

一般来说，受损照片处理时使用仿制图章工具和修补工具的情况有很多，这里没有捷径可言，只有耐心地仔细处理图片，反复采样和仿制。

065 调出怀旧色调

此例将介绍如何将普通照片调出怀旧色调的感觉。

📷 摄影技巧

在阳光直射的情况下拍摄照片，会给人以明快和清晰的感觉。但在薄雾情况下拍摄的照片，却能产生截然不同的效果，它会给人以变幻莫测的梦幻般的感觉。此时拍摄的照片中，被拍摄物的层次、亮度和阴影都被埋没了。远雾可以柔和风景照片的背景部分，但同时又能使照片的前景部位显得更为引人注目，从而使前景部位的被摄影物同背景明显地分开，在这种情况下画面中的灰白色调部位的颗粒会明显变粗。如不希望出现上述现象，可使用慢速胶卷和三脚架。

软件操作

01 执行"文件 > 打开"命令，在弹出的对话框中，选择本书配套光盘中的"第5章 \ 原图 \ 调出怀旧色调 .jpg"文件，单击"打开"按钮打开此素材。

02 执行"图像 > 调整 > 色彩平衡"命令（如下图上），弹出"色彩平衡"对话框。选择中间色调，将色阶的3个数值依次改为80、50、-65（如下图下），最后单击"确定"按钮。

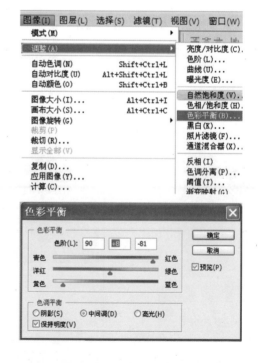

第6章
人像照片美容

有没有想过亲手处理自己的数码照片呢？如果有，那就一起来
学习一些数码照片的基本处理方法吧。掌握这些方法之后，对于一
些简单的处理，我们自己就能轻松搞定了。

066 使眼睛更明亮

眼睛是心灵之窗，一双明亮的眼睛会让人显得更有魅力。利用 Photoshop 可以轻松地将眼睛变得明亮起来。

摄影技巧

眼睛是心灵的窗户，对几乎所有肖像照片而言，眼睛都是基本要素。拍摄中应避免将拍摄对象的眼睛放在光线较暗的部分，这样会使人像的眼睛不突出。打顶光时应注意在下方加上辅助光，避免出现"熊猫眼"。

软件操作

01 执行"文件 > 打开"命令，在弹出的对话框中，选择本书配套光盘中的"第 6 章 \ 原图 \ 使眼睛更明亮 .jpg"文件，单击"打开"按钮打开此素材。

02 选择工具栏中的锐化工具，在人物的眼睛和眉毛处轻轻涂抹，使之更加清晰。然后选择工具栏中的减淡工具，在人物眼睛的高光处多点几下，将高光提亮。此时，人物的眼睛会比之前更加明亮。

067 让眼睛更大

拥有一双大眼睛是很多爱美之人的愿望，下面将介绍如何利用 Photoshop 加大眼睛的尺寸。

软件操作

01 执行"文件 > 打开"命令，在弹出的对话框中，选择本书配套光盘中的"第6章\原图\让眼睛更大.jpg"文件，单击"打开"按钮打开此素材。

02 先用多边形套索工具将人物的眼睛框选起来（如下图左），然后执行"选择 > 修改 > 羽化"命令，输入羽化值为 20，单击"确定"按钮。然后执行"编辑 > 自由变化"命令，施放变形边框至合适大小，注意透视关系（如下图右），然后按 Enter 键确认，最后用相同的方法加大另外一只眼睛即可。

 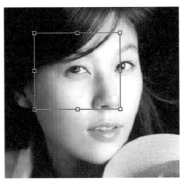

操作技巧

执行"自由变化"命令时，按住 Shift 键，可以等比例放大或缩小图片；按住 Ctrl 键，可以单独调整自由变换框的四周节点。

068 去除眼袋与黑眼圈

睡眠不足的人通常会有眼袋和黑眼圈，这个时候拍出来的照片往往不是很好看，下面介绍如何去除眼袋和黑眼圈。

摄影技巧

对物体直接测光的最简单的方法是将测光表放在被测物上来回移动（但注意不要把自己的影子投到上面去），然后用最暗处和最亮处的平均值来曝光。对于光线较暗的物体，如黑白雕像，应把光圈开大一两级。对于雕花玻璃制品，应将其放在半透明的塑料板或磨砂玻璃上，后面衬以白色背景，然后从后面打光，这样一来，就能突出物体水晶般的线条。另外，也可以将一块柔软的塑料布挂墙上，下端则垫在雕花玻璃之下，形成一个无缝的繁体背景。

软件操作

01 执行"文件 > 打开"命令，在弹出的对话框中，选择本书配套光盘中的"第6章\原图\去除眼袋与黑眼圈.jpg"文件，单击"打开"按钮打开此素材。

02 先选择工具栏中的仿制图章工具，然后按住 Alt 键，在眼袋上慢慢涂抹（如下图）直至眼袋消失。

069 处理闭眼照片

有时照片上的人物的眼睛是闭着的，这时我们同样可以利用 Photoshop 处理出睁眼的照片。

软件操作

01 执行"文件 > 打开"命令，在弹出的对话框中，选择本书配套光盘中的"第 6 章 \ 原图 \ 处理闭眼照片 1.jpg、处理闭眼照片 2.jpg"文件，单击"打开"按钮打开此素材。

02 将照片 2 中的眼睛部分选中剪切，按 Shift+F6 组合键羽化，在弹出的对话框中，将"羽化半径"设置为 5（如下图左）。粘贴到照片 1 中，可以通过减少图层的不透明度调整两只眼睛的大小和位置（如下图右）。选择粘贴过来的眼睛图层，在"图层"面板下方单击"添加矢量蒙版"按钮，使用画笔工具将眼睛周围的皮肤涂抹出来。合并图层，选择工具栏中的修补工具，修补眉毛边上颜色不相符的地方。

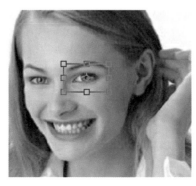

> 🔍 **操作技巧**
>
> 　　拍照时，同样的场景可以多照几张，这样可以提供相似的头像，以备不时之需，这也是数码相机的优势所在。
> 　　如果两张照片的光源不在同一方向时，要注意调整光源对皮肤造成的阴影。如果需要换整个脸部，就要注意脸部与颈部的色差。本例中勾画出睁开的眼睛后，要注意羽化，这样剪切过来的皮肤才不会显得太生硬。

070 单眼皮变双眼皮

单眼皮固然有单眼皮的魅力，但是有时候人们会更喜欢双眼皮的神采飞扬，下面介绍如何利用 Photoshop 把照片中人物的单眼皮变成双眼皮。

操作技巧

在输入加深工具和简单工具的数值时，要注意将"曝光度"设置得小一些，这样制作出来的加深或减淡部分才会自然柔软一些，不至于给人生硬的感觉。

一般来说，双眼皮的褶皱上面会出现一周高光，为了使我们的制作显得更加自然，必须制作出高光的效果。

软件操作

01 执行"文件 > 打开"命令，在弹出的对话框中，选择本书配套光盘中的"第 6 章 \ 原图 \ 单眼皮变双眼皮 .jpg"文件，单击"打开"按钮打开此素材。

02 执行"滤镜 > 液化"命令，使用膨胀工具使眼睛变大一些（如下图左），利用工具栏中的钢笔工具勾出双眼皮的轮廓，按下 Ctrl+Enter 组合键使其转换成选区。选择工具栏中的加深工具，将"画笔大小"设置为 8，"范围"设置为中间调，"曝光度"设为 10%，尽量靠选区的上面边沿进行加深（如下图右）；按下高光，另一只眼睛用同样的方法制作。

071 给眼睛换种颜色

　　羡慕外国人的蓝眼睛吗？想让自己也拥有一双蓝色的眼睛吗？进入下面的学习吧，Photoshop 可以帮你随意变换自己眼睛的颜色。

软件操作

01 执行"文件 > 打开"命令，在弹出的对话框中，选择本书配套光盘中的"第 6 章 \ 原图 \ 给眼睛换种颜色 .jpg"文件，单击"打开"按钮打开此素材。

02 选择工具栏中的颜色替换工具，将"模式"改为"颜色"，在人物的瞳孔处按下 Alt 键，可以看到拾取颜色的吸管，单击人物的瞳孔（如下图左），然后将前景色设置为蓝色，在人物的眼珠上涂抹，可以看到颜色开始慢慢变成蓝色（如下图右）。另一只眼睛用同样的方法即可进行变换。

操作技巧

　　在吸取颜色后，可以看到前景色也变成了眼睛瞳孔的颜色，这正是图中所要替换的颜色，这种功能使我们可以随意把自己的眼睛变换成我们喜欢的任何颜色。

072 加长睫毛

有时候拍出来的照片里人物的睫毛很短，就算涂过睫毛膏，也没有理想的效果。下面将介绍怎样利用Photoshop 来加长睫毛。

软件操作

01 执行"文件 > 打开"命令，在弹出的对话框中，选择本书配套光盘中的"第6章\原图\加长睫毛.jpg"文件，单击"打开"按钮打开此素材。

02 选择工具栏中的画笔工具或按F5键，会出现一个画笔浮动面板，找到一个形状像草的图标，单击画笔浮动面板的"画笔笔尖形状"，设定好参数（如下图左），在左眼的上眼皮开始，由左至右移动鼠标。在画右眼的上睫毛时，应将面板选项中的"翻转 X"勾选，然后调整参数，在右眼上画出睫毛（如下图右）。可以用同样的方法画好下面的睫毛。如果眼睛部位看起来不够自然，可用橡皮擦工具将边缘部分修补一下。

操作技巧

这里用到画笔工具，在画笔面板上调整参数时要注意：睫毛的长短用直径调节；睫毛的细密用间距的百分比调节；睫毛的形状用角度调节。

我们知道，上睫毛一般比较长，而且密，而下睫毛较短且稀，所以在调节直径和间距时，一定要选取适当的值。

如果觉得制作出来的眼睛还是不够有神，可以用"加深工具"将眼线描出来。

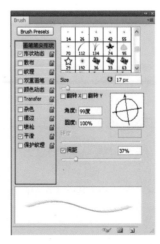
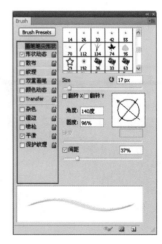

073 修眉毛

还没有修好眉毛就照相，拍摄出来的效果肯定不怎么理想，没关系，我们可以利用 Photoshop 修饰眉毛，让眉毛变长变浓。

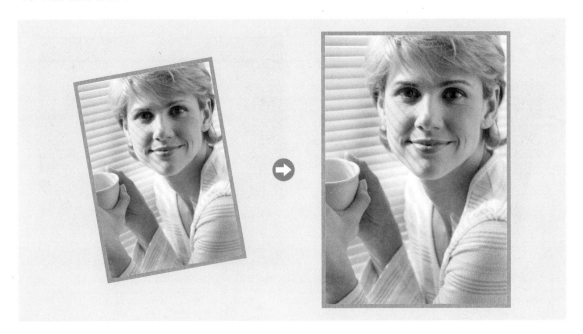

软件操作

01 执行"文件 > 打开"命令，在弹出的对话框中，选择本书配套光盘中的"第 6 章 \ 原图 \ 修眉毛 .jpg"文件，单击"打开"按钮打开此素材。

02 复制背景图层，选择工具栏中的套索工具，在眉毛周围画出一个松散的选区，按 Shift+F6 组合键进行羽化。在"图层"面板中，将眉毛的混合模式调整为"正片叠底"（如下图左）。按 Alt 键，并单击图层面板下方"添加矢量蒙版"按钮，将前景色设置为白色，选择与眉毛最大部分接近的软边画笔，将画笔的不透明度调整为 30%，然后用画笔从右到左在眉毛上涂抹。右边的眉毛可以采用同样的方法绘制（如下图右），如果觉得照片中的人物眼睛不够有神，可以用同样的方法描黑眼线。

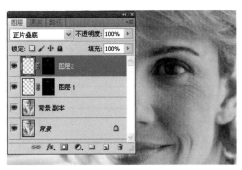

> **操作技巧**
>
> 按 Alt，同时单击"图层"面板下方的"添加矢量蒙版"按钮，可向这个图层添加一个填充为黑色的图层蒙版，这样做将隐藏整片叠底的效果。对于切换前景色和背景色，按 X 键就可以做到，不必打开色彩面板选取颜色。

074 描眼影

如果想为照片中的人物添加化妆效果，添加眼影是最快速的方法，本例将介绍如何为照片中的人物描上眼影。

软件操作

01 执行"文件 > 打开"命令，在弹出的对话框中，选择本书配套光盘中的"第6章 \ 原图 \ 描眼影 .jpg"文件，单击"打开"按钮打开此素材。

02 新建图层，设置前景色为（R：131，G：118，B：94），选择工具栏中的画笔工具，在图片中围绕眼睛上下绘制图形（如下图左），这样处理的目的是为了给"眼影"打上底色。在"图层"面板上将图层混合模式改为"柔光"，"不透明度"设置为50%（如下图右）。这样眼影效果就显示出来了。

操作技巧

　　如果你喜欢红色，可以为人物涂抹红色的区域；如果你喜欢金色，自然可以将其涂抹成金色的区域。根据自己的兴趣爱好，可以为人像添加任何不同的颜色。

　　设置图层混合模式为"柔光"时，可以看见紫色的区域已经很柔和地与眼睛原本的颜色融合在一起了，还体现出了深浅不同的层次感。

　　这时妆容可能不是很贴合面部，可以调整图层的"不透明度"，不透明度越低，图像中"眼影"的色彩就越暗淡；反之，不透明度越高，则图像中的"眼影"颜色越浓。可以根据个人的喜好调整人像妆容的浓淡。

075 去除脸上的各种斑点与痘痘

　　脸上有斑点或者痘痘，照出来的照片怎么都不会好看，护肤品也难有立竿见影的效果。下面我们就用 Photoshop 来去除这些影响美观的痘痘。

软件操作

01 执行"文件 > 打开"命令，在弹出的对话框中，选择本书配套光盘中的"第 6 章 \ 原图 \ 去除脸上的各种斑点与痘痘 .jpg"文件，单击"打开"按钮打开此素材。

02 选择工具栏中的修复画笔工具，按下 Alt 键的同时在人物脸上没有斑点且颜色与脸色皮肤颜色最接近的皮肤处单击，以获得"取样点"，此时的鼠标指针为带圆圈的十字形（如下图）。松开 Alt 键，在要处理的区域单击鼠标，获得与所采集的图像原点处的图像相同的效果。用同样的方法处理多处斑点和痘痘。

> **操作技巧**
>
> 　　使用修复画笔工具，按下 Alt 键时可进行采样，松开 Alt 键进行涂抹，这样脸上的斑点就消失了。

076 面部皮肤美化

对于女性来讲，皮肤是最重要的，下面将介绍如何运用 Photoshop 美化人物的皮肤，让照片上人物的皮肤光滑白嫩。

软件操作

01 执行"文件 > 打开"命令，在弹出的对话框中，选择本书配套光盘中的"第 6 章 \ 原图 \ 面部皮肤美化 .jpg"文件，单击"打开"按钮打开此素材。

02 复制背景层，如果人物面部有斑点或痘痘，先用修复画笔工具进行修整。单击工具栏下方的"以快速蒙版模式编辑"按钮，选择工具栏中的画笔工具，用黑色画笔画出需要磨皮的区域，用白色画笔擦除眼、嘴、鼻、眉比较明确不需要磨皮的区域（如下图左）。完成后单击工具栏底部的"以标准模式编辑"按钮，按下 Ctrl+Shift+I 组合键反选区域，再按 Ctrl+J 组合键复制为新层，执行"滤镜 > 模糊 > 高斯模糊"命令，在弹出的对话框中将"半径"设置为 5.0（如下图右）。

操作技巧

快速蒙版，其实就是一个选区工具。通过这样的工具，对复杂的图形进行选择更加方便。设定好蒙版模式后，用黑色画笔涂抹要选择的地方，操作时如果涂抹到不需要的地方，用白色画笔擦掉即可，在此，白色画笔可起到橡皮擦的作用。按"["或"]"键可以调整画笔大小，这样方便涂抹人物眼睛等细节的部位。

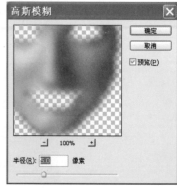

03 执行"编辑>渐隐高斯模糊"命令，在弹出的对话框中将"不透明度"设置为50%。"模式"选择"变暗"（如下图左）；按Ctrl+Shift+Alt+E组合键复制一个新的图层，执行"滤镜>模糊>高斯模糊"命令，然后执行"编辑>渐隐高斯模糊"命令，"不透明度"设置为50%。"模式"选择"滤色"（如下图右）。

操作技巧

"渐进高斯模糊"命令的快捷键为Ctrl+Shift+F。

此命令专门针对滤镜而设，只有在刚刚使用完滤镜后才可以使用。使用"渐隐"命令，让模糊命令渐隐下去，是为了让皮肤更加自然白皙。在04中，我们降低了制作图层的"不透明度"，这样能让我们制作的皮肤更好地融入图片中。

使用"USM锐化"滤镜时，将数值设置得小一点，多锐化几次能使效果更理想。

04 在"图层"面板上关闭背景图层和图层1，调整图层3和皮肤层的透明度（如下图左）；开启背景图层和图层1并选择图层1，执行"滤镜>锐化>USM锐化"命令，在弹出的对话框中将数量设置为25，半径设置为0.5，阈值为0（如下图右）。

05 按两次Shift+F组合键重复上面的锐化操作，合并可见图层1、图层2、图层3，在合并的图层上执行"滤镜>杂色>减少杂色"命令（如下图）。

077 去除面部油光

由于光照原因或者面部出油过多，照片中的人物面部常常会出现局部过亮的情况，使得我们的照片效果不那么理想。去除方法并不复杂，我们开始吧！

软件操作

01 执行"文件 > 打开"命令，在弹出的对话框中，选择本书配套光盘中的"第6章\原图\去除面部油光.jpg"文件，单击"打开"按钮打开此素材。

02 执行"图像 > 模式 > CMYK颜色"命令，选择工具栏中的加深工具，"范围"选择"高光"，"曝光度"设置为10%。打开"通道"面板，单击"洋红"通道，按住Shift键单击"黄色"通道，这样就只选择了洋红与黄色通道（如下图左），然后做加深涂抹。完成后，复制图层，在新层上执行"滤镜 > 模糊 > 高斯模糊"命令，将"半径"设置为5.0。在"图层"面板上，将图层混合模式改为"柔光"，"不透明度"设置为60%（如下图右）。

🐭 **操作技巧**

有的时候，皮肤显示为非自然的肤色，是由于灯光或者周围环境的影响呈现出偏向某种颜色的现象，这种情况可以根据画面的色调选择一个接近的颜色通道，或者根据情况尝试用另外的通道组合混合进行加深。

078 清除皱纹

　　皱纹会使人显得衰老，所以人们都希望自己至少看起来年轻些。我们可以利用 Photoshop 的仿制图章工具配合 lighten 图层模式的笔刷去除面部的皱纹，使皮肤恢复平整。

软件操作

01 执行"文件 > 打开"命令，在弹出的对话框中，选择本书配套光盘中的"第 6 章 \ 原图 \ 清除皱纹 .jpg"文件，单击"打开"按钮打开此素材。

02 选择工具栏中的仿制图章工具，将"模式"设为"变亮"，"不透明度"设置为 50%（如下图左）；按 Alt 键的同时单击鼠标左键进行取样，然后在需要清除的地方单击左键进行覆盖。执行"图像 > 调整 > 色阶"命令，在弹出的对话框中调整参数（如下图右）。

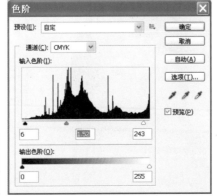

操作技巧

　　将仿制图章工具中的模式改为"变亮"的用途是复制图像中的亮区盖住暗的部分，因为我们要去掉形成皱纹的身上部分。有时想让某个部位的图像暗一些，在暗区取样后，笔刷怎么也不起作用，这时需要将模式改为"变暗"，也就是从暗区取样进行复制。

　　由于光照或者化妆的原因，人脸部不同的区域往往变化很大，所以在使用仿制图章工具修改时，要不断地取样，小心涂抹，以使图像更自然。

079 刷腮红

有时候拍摄出来的照片人物脸色显得很苍白，下面我们就一起用 Photoshop 调整出人物的粉嫩脸蛋来。

软件操作

01 执行"文件 > 打开"命令，在弹出的对话框中，选择本书配套光盘中的"第 6 章 \ 原图 \ 刷腮红 .jpg"文件，单击"打开"按钮打开此素材。

02 新建一个图层，选择工具栏中的画笔工具，将前景色设置为红色，设置好大小，在人物脸蛋两侧涂抹红色（如下图左），执行"滤镜 > 模糊 > 高斯模糊"命令，在弹出的对话框中将"半径"设置为 20（如下图右）。在"图层"面板上将图层的"不透明度"设置为 70%。

操作技巧

　　在为人物刷腮红时，可以选择自己喜欢的颜色。
　　执行"高斯模糊"滤镜设置"半径"时，应注意脸部腮红的变化，最后调整图层的"不透明度"，让腮红与脸部更贴合、更自然。

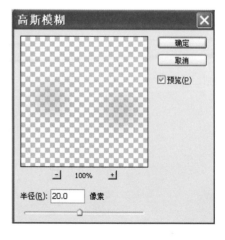

080 胖脸变瘦脸

　　有的人身上已经很瘦了，但脸上会有些婴儿肥，而数码相机也会将人物的脸拍得胖些，对于这类问题，Photoshop 一样可以解决。

软件操作

01 执行"文件 > 打开"命令，在弹出的对话框中，选择本书配套光盘中的"第 6 章 \ 原图 \ 胖脸变瘦脸 .jpg"文件，单击"打开"按钮打开此素材。

02 复制背景图层，执行"滤镜 > 液化"命令，在弹出的对话框中选择"向前变形工具"，调整参数（如下图），然后一点一点将脸部边线往内收缩，使用"["或"]"改变画笔大小，进而进行调整。

操作技巧

　　在使用"液化"滤镜的"向前变形工具"时，应将画笔大小调得大些，可将人物面部边缘修整更为平滑些，但要注意人物的眼睛、鼻与嘴的位置，不要涉入我们要调节的范围。

　　在对话框的右下方勾选"显示背景"，这时我们可以看到调整过的地方与原来的图像有了明显的区别。

081 修整双下巴

　　人像特写中如果双下巴明显，会使照片中的人显胖，别着急，我们可以用 Photoshop 轻松去除照片上人像的双下巴。

操作技巧

　　断开图层与蒙版的连接，编辑图层时，图层蒙版中的图像不会受到影响。

　　修复画笔工具在去掉皱纹时，可以很好地保留皮肤的纹理。

软件操作

01 执行"文件 > 打开"命令，在弹出的对话框中，选择本书配套光盘中的"第 6 章 \ 原图 \ 修整双下巴 .jpg"文件，单击"打开"按钮打开此素材。

02 选择工具栏中的钢笔工具，勾出双下巴路径，按下 Ctrl+Enter 组合键使其变换为选区，按下 Shift+F6 组合键进行羽化，在弹出的对话框中，将"羽化半径"设置为 2（如下图左），再按下 Ctrl+J 组合键将选区复制为新层，单击图层，得到选区，单击"图层"面板下方的"添加矢量蒙版"按钮，单击图层蒙版中间的连接图标，取消图层与蒙版的连接关系。单击图层的缩览图，使其处于编辑状态，按下 Ctrl+T 组合键进行自由变换，将双下巴拉到看不到为止（如下图中），单选蒙版，使其处于编辑状态，选择画笔工具，将前景色设置为黑色，将多余的头发擦去。按下 Ctrl+ Shift+Alt+E 组合键复制现在的图像到新层中，选择工具栏中的修复画笔工具，设置好参数（如下图右），这样可将人物颈部深色的纹路涂抹掉。

082 隆鼻（正面）

自己的鼻子不是那么高挺，不用去做隆鼻手术，Photoshop 就可以让鼻子高挺起来。

软件操作

01 执行"文件 > 打开"命令，在弹出的对话框中，选择本书配套光盘中的"第 6 章 \ 原图 \ 隆鼻（正面）.jpg"文件，单击"打开"按钮打开此素材。

02 选择工具栏中的套索工具，把鼻子勾选出来，按 Ctrl+F6 组合键进行羽化，在弹出的对话框中，将"半径"设置为 15。完成后按 Ctrl+J 组合键选区复制在一个新图层中，按 Ctrl+T 组合键修改大小（如下图）。按 Ctrl+Shift+Alt+E 组合键将现在的图像复制到一个新层中，然后选择工具栏中的修复画笔工具，先按 Alt 键定义用来修复图像的原点，然后进行修复。

操作技巧

在修改鼻子大小的时候，按 Ctrl+ Shift+Alt 组合键，然后用鼠标拖动四周的点进行修改。这时大家可能会发现有一些阴影和条纹现象，没关系，我们可以用修复画笔工具进行修复。

083 隆鼻（侧面）

前面介绍了正面鼻子的垫高方法，本例将介绍如何利用 Photoshop 制作侧面的隆鼻效果。

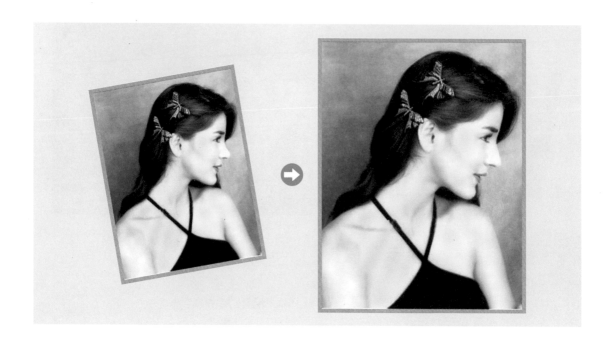

软件操作

01 执行"文件>打开"命令，在弹出的对话框中，选择本书配套光盘中的"第 6 章 \ 原图 \ 隆鼻（侧面）.jpg"文件，单击"打开"按钮打开此素材。

02 执行"滤镜>液化"命令，在弹出的对话框中选择"向前变形工具"，调整大小，将鼻部隆起，再将大小调整好，在鼻梁处用向前变形工具往内压缩（如下图），完成后，选择工具栏中的修复画笔工具，修复我们在制作过程中造成的纹路。

🐭 **操作技巧**

使用"液化"滤镜时，注意在调整整片面积时选择大的画笔笔触，在调整细微的地方时要将画笔大小调整小。

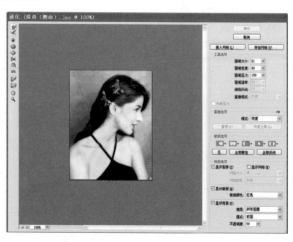

084 修正歪斜的嘴唇

拍照时笑得过于灿烂，有时候会造成嘴角歪斜，我们一样可以用 Photoshop 进行调整。

软件操作

01 执行"文件 > 打开"命令，在弹出的对话框中，选择本书配套光盘中的"第6章\原图\修正歪斜的嘴唇.jpg"文件，单击"打开"按钮打开此素材。

02 执行"滤镜 > 液化"命令，在弹出的对话框中选择"向前变形工具"，设置好画笔大小，对右边的嘴角形状进行修正（如下图左）。选择工具栏中的套索工具，在画面上勾出左边嘴唇，按 Shift+F6 组合键进行羽化，在弹出的对话框中将"羽化半径"设置为5，按 Ctrl+J 组合键复制一个新图层。执行"编辑 > 变换 > 水平翻转 >"命令，按 Ctrl+T 组合键进行大小角度的调整，使其与右边嘴唇大致重合（如下图右），按 Ctrl+Shift+Alt+E 组合键将现在的图像复制为新图层，使用工具栏中的修复画笔工具对右边嘴唇边缘的阴影进行修复。

操作技巧

> 如果嘴唇的歪斜程度不是很大，只需要细微调整的话，可以省略"液化"步骤，直接进行水平翻转。

085 洁白牙齿

照片上的人物牙齿很黄，或许会是整张照片的瑕疵。下面我们就用 Photoshop 来美白牙齿，还你一个明眸皓齿的美女。

操作技巧

简单地使用套索工具选择牙齿，褪色并调节牙齿明度是不恰当的，因为它会引起牙齿（明度）的过曝。

通过创建图层蒙版，不仅能更精确地定位需要编辑的牙齿黄色区域，而且能保持原始图片为背景图层，使得反复调整牙齿也不会影响到整个图像的变化。

软件操作

01 执行"文件 > 打开"命令，在弹出的对话框中，选择本书配套光盘中的"第6章 \ 原图 \ 洁白牙齿 .jpg"文件，单击"打开"按钮打开此素材。

02 选择工具栏中的套索工具，将嘴唇勾画出来，按 Ctrl+F6 组合键进行羽化，在弹出的对话框中将"羽化半径"设置为 5，再按 Ctrl+J 组合键将选区复制到一个新图层中。执行"图像 > 调整 > 色相 / 饱和度 >"命令，在弹出的对话框中选择"黄色"，将"饱和度"设置为 -100（如下图左）。单击"历史记录"面板底部的"创建新快照"按钮，将图层混合模式改为"差值"（如下图右）。

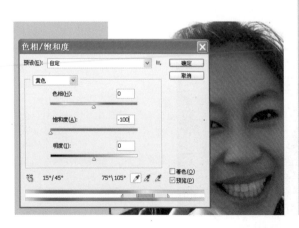

03 按 Ctrl+Shift+Alt+E 组合键将现在的图像复制为新图层，按 Ctrl+A 组合键全选再按 Ctrl+C 组合键进行复制。选择"快照 1"，并单击图层下方的"添加矢量蒙版"按钮，选择"通道"面板，隐藏 RGB 通道，选择"图层2 蒙版"，按 Ctrl+V 键进行粘贴（如下图左）。执行"图像 > 调整 > 色阶"命令，在弹出的对话框中将白色输入滑块拖到左边第一个像素峰群边缘（如下图右）。

📷 **摄影技巧**

拍摄蝴蝶等昆虫时，色彩调整是很重要的一个环节，除了昆虫自身的色彩外，还要注意它所在的花朵的色彩，尽量选择不同系的色彩才能使它们相比更明显。

04 选择工具栏中的套索工具，经牙齿周围勾起来，按 Ctrl+Shift+I 组合键进行反选，将前景色设置为黑色，按 Alt+Delete 组合键填充为黑色，将 RGB 通道设置为可见，隐藏"图层2蒙版"。回到"图层"面板，隐藏图层1，选择图层2，执行"图像 > 调整 > 色相 / 饱和度"命令，在弹出的对话框中，对照着图像调整参数（如下图）。

✏️ **操作技巧**

在从通道切换的"图层"面板进行编辑时，可以按工具栏底部的"以标准模式编辑"按钮，以确保没有在"快速蒙版模式"下编辑。

在调整牙齿的"色相/饱和度"时，要注意和整张图片进行对照调整，以避免将牙齿调得比眼睛还亮。

05 单击图层 2 的蒙版框，选择工具栏中的画笔工具，并将前景色设置为黑色，进而将嘴唇周围的色差涂抹掉（如下图）。

📷 **摄影技巧**

拍摄人物的构图原则：拍摄大头照时构图相对简单一些，人物的脸部占据了大部分的画面。但是要保留整个头部，还是只取脸部的一部分，这和需要表现的感觉有关系。在画面上，手是造型师经常用到的构图元素，还可以在画面里加入花卉、头饰等元素丰富构图。

拍摄大头照需要仔细地观察人物的脸部特征，尽量去表现模特最完美的一部分。如果人物脸部比较宽，你就要尽量从侧面拍；如果她有一双美丽的大眼睛，那你不妨去拍摄表现眼睛的特写。

086 上唇彩

照片中的人物若不化妆，会显得不够精神。下面我们就利用 Photoshop 为她的嘴唇上一个亮丽的彩妆。

软件操作

01 执行"文件 > 打开"命令，在弹出的对话框中，选择本书配套光盘中的"第 6 章\原图\上唇彩 .jpg"文件，单击"打开"按钮打开此素材。

02 复制背景图层，选择工具栏中的钢笔工具，勾选出嘴唇的大概轮廓，按下 Ctrl+Enter 组合键转换成选区，再按 Ctrl+F6 组合键进行羽化，在弹出的对话框中将"羽化半径"设置为 15。执行"图像 > 调整 > 色阶"命令，设置参数（如下图左），完成后执行"图像 > 调整 > 色相 / 饱和度"命令，在弹出的对话框中调整参数（如下图右）。按 Ctrl+D 组合键取消选区，选择工具栏中的橡皮擦工具，设置小一些的流量擦涂嘴唇边缘。

💡 **操作技巧**

调整"色阶"时，可以通过调整黑白灰的滑块看到嘴唇的亮度和饱和度已经发生变化。然后再调整"色相/饱和度"，调整"色相"时，可以看到嘴唇颜色的变化，我们可以选择喜欢的颜色值进行设定。

087 制作水晶唇彩

上例讲过给人物涂上唇彩，本例将介绍利用 Photoshop 为人物制作流行闪耀的水晶唇彩。学会后，大家可以学着为自己做出水晶指甲等。

软件操作

01 执行"文件 > 打开"命令，在弹出的对话框中，选择本书配套光盘中的"第 6 章 \ 原图 \ 制作水晶唇彩 .jpg"文件，单击"打开"按钮打开此素材。

02 选择工具栏中的钢笔工具，勾选出嘴唇的轮廓，按下 Ctrl+Enter 组合键转换成选区，再按 Ctrl+F6 组合键进行羽化，在弹出的对话框中将"羽化半径"设置为 3。执行"图像 > 调整 > 色相 / 饱和度"命令，在弹出的对话框中调整参数（如下图左）。新建图层，将前景色设置为黑色，按下 Alt+Delete 组合键将选区填充为黑色。执行"滤镜 > 杂色 > 添加杂色"命令，在弹出的对话框中将"数量"设置为 85（如下图右），将图层的混合模式改为"颜色减淡"。适当地调整透明度，然后选择工具栏中的画笔工具，选择星光笔刷，将前景色设置为白色，在人物嘴唇上加星光效果。再选择橡皮擦工具，将多余的唇彩擦除。

> 🐾 **操作技巧**
>
> 在用钢笔工具勾选嘴唇时，我们要除去牙齿。在这里，我们要在状态栏上选择最后一个"重叠区域除外"按钮；在勾出嘴唇轮廓后，继续勾出牙齿轮廓，这样制作出来的选区就是除去牙齿的嘴唇了。

088 短发变长发

齐眉的短发会使人物显得俏丽可爱，长发飘飘呢？本例我们就用 Photoshop 将短发变长发。

操作技巧

在使用"向前变形工具"的步骤中一定要留意尽可能留下头发原来的明暗关系，如此做出的效果才更自然，还要留意不能将人物的脸部遮住，这就是显示背景和设置透明度的好处。

完成液化后，因为我们拖动的头发有一定的流向性，会出现拖动的纹路，这很不自然，需要我们进行后期的处理和修复，可以交替使用橡皮擦、仿制图章、修复画笔工具来打造头发的自然度。橡皮擦可以做出头发尖的分岔，这需要我们有足够的耐心进行处理。

软件操作

01 执行"文件 > 打开"命令，在弹出的对话框中，选择本书配套光盘中的"第6章 \ 原图 \ 短发变长发 .jpg"文件，单击"打开"按钮打开此素材。

02 选择工具栏中的套索工具，将两侧的头发都选取出来，按 Ctrl+Enter 组合键将选区复制到一个新图层中。执行"滤镜 > 液化"命令，在弹出的对话框中选择"向前变形工具"，调整好画笔大小、画笔密度和画笔压力，选择对话框右下方的"显示背景"（如下图上），用鼠标将短发往下拖移，多做几次直到头发变长为止。选择工具栏中的橡皮擦工具，将"不透明度"设置为50%（如下图下），擦除多余的地方。再选择修复画笔工具，对拖拽出来的生硬的头发痕迹进行修复。

089 染头发

很多人第一次染头发的时候，往往没有勇气去尝试，因为不知道哪种颜色适合自己，下面我们就通过 Photoshop 选择适合自己的颜色。

软件操作

01 执行"文件 > 打开"命令，在弹出的对话框中，选择本书配套光盘中的"第 6 章 \ 原图 \ 染头发 .jpg"文件，单击"打开"按钮打开此素材。

02 新建一个图层，选择工具栏中的画笔工具，设置前景色为红色（如下图左），调整画笔大小，对头发进行均匀涂抹（如下图右），将"图层"面板中的图层混合模式调整为"颜色"，"不透明度"设置为 40%。

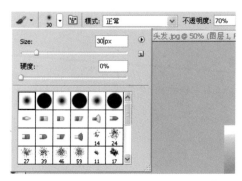

操作技巧

　　"颜色"模式能够使用"混合色"颜色的饱和度和色相值相同时进行着色，同时使"基色"颜色的亮度值保持不变。"颜色"模式可以看成是"饱和色"模式和"色相"模式的综合效果，该模式能够使灰色图像的阴影或轮廓透过着色的颜色显示出来，产生某种色彩变化的效果。这样可以保留色相中的灰阶，对于给单色图像上色或给彩色图像着色都非常有用。

090 挑染头发

想挑染头发又不知道自己挑染什么颜色好看。我们可以利用 Photoshop 示范一下，尝试各种颜色，进而找到一种适合自己的颜色。

软件操作

01 执行"文件 > 打开"命令，在弹出的对话框中，选择本书配套光盘中的"第 6 章 \ 原图 \ 挑染头发 .jpg"文件，单击"打开"按钮打开此素材。

02 新建一个图层，将图层混合模式改为"柔光"，选择工具栏中的画笔工具，将前景色设置为黄色，"不透明度"设置为 100%（如下图左），然后对头发进行挑染，在亮光的地方须多涂几遍（如下图右）。

操作技巧

在挑染头发时，笔触一定要设置小一些，不透明度也应设置得低一点，这样反复涂抹可让头发细致一些。

一般来说，在阳光下，人的头发的高光区域颜色要显得鲜艳一些，我们在制作的时候也要注意这一点，在高光区域反复涂抹几遍，这样会显得更加自然。

091 为人物换发型

看到朋友剪了一个好看的发型，自己也跃跃欲试，但是自己剪出来能好看吗？本例将通过 Photoshop 教你将发型进行变换，要想知道是否适合，做过就知道了。

软件操作

01 执行"文件 > 打开"命令，在弹出的对话框中，选择本书配套光盘中的"第 6 章 \ 原图 \ 换发型 1.jpg、换发型 2.jpg"文件，单击"打开"按钮打开素材。

02 选择"换发型 1"文件，选择工具栏中的魔术棒工具，将"容差"改为 50%。选择人物背景，按 Ctrl+Shift+I 组合键进行反选，将选区复制到一个新的图层（如下图左）。隐藏背景图层，在图层 1 中用钢笔工具将头发选中，按 Ctrl+Shift+I 组合键进行反选，按 Shift+F6 组合键进行羽化，将"羽化半径"调整为 2，再按 Delete 键将人物面部删除（如下图右）。

> 💡 **操作技巧**
>
> 　　如果选择的两张图片的光源不在同一个方向，那么在最开始就要执行"图像>图像旋转>水平翻转画布"命令，让两张图片的光照来自同一方向，然后再进行下面的操作。
>
> 　　选择想要换的发型的照片时，最好选择一些背景比较简单的照片，这在抠出头发时就省去了很多麻烦。

03 将头发拖拽到"换发型2"文件中调整好大小,单击"图层"面板下方的"添加矢量蒙版"按钮,将前景色设置为黑色。选择画笔工具将头发之外的地方涂抹掉(如下图左)。将图层的"不透明度"调整为70%,选择图层0,选择工具栏中的仿制图章工具,将边缘头发用背景覆盖(如下图右)。

04 回到蒙版图层,将"不透明度"设置回100%,选择工具栏中的钢笔工具,将头发边缘平滑地勾选出来(如下图左)。按下Ctrl+Enter组合键建立选区,然后按下Shift+F6组合键进行羽化,将"羽化半径"设置为1,按Ctrl+Shift+I组合键进行反选,再按下Delete键将所选区或删除(如下图右)。

05 单击图层1的蒙版,选择工具栏中的画笔工具,将前景色设置为黑色,调整好画笔大小,将"不透明度"设置为30%,涂抹人物头发边的空白处(如下图)。

操作技巧

　　在制作时要注意观察,比如变换过来的头发边缘是否平整,变换的头发与本来的头发有没有交接之处,头发镂空的地方是否有衣服的影子,充分观察之后就知道什么地方该处理,这样效果才会逼真一些,在涂抹头发空隙的时候,注意要将画笔的不透明度降低,这样涂抹出来的头发就会更自然一些。

092 调整面部阴影

有时候照片上人物脸部的对比度太强烈，阴影处太暗而失去很多阴影处的细节。下面我们就用 Photoshop 调整面部阴影。

软件操作

01 执行"文件 > 打开"命令，在弹出的对话框中，选择本书配套光盘中的 "第 6 章 \ 原图 \ 调整面部阴影 .jpg"文件，单击"打开"按钮打开此素材。

02 复制图层，选择工具栏中的套索工具，将人物面部的阴影勾画出来，按 Shift+F6 组合键进行羽化，将"羽化半径"设置为 10，执行"图像 > 调整 > 色阶"命令，在弹出的对话框中，"预设"选择"加亮阴影"（如下图左）。 再按 Shift+F6 组合键执行一次羽化，将"羽化半径"设置为 20，然后执行 "图像 > 调整 > 色阶"命令，调整参数（如下图右）。

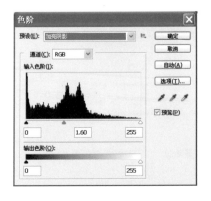

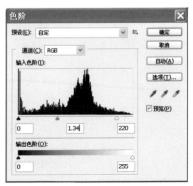

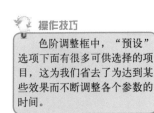

操作技巧

色阶调整框中，"预设" 选项下面有很多可供选择的项目，这为我们省去了为达到某些效果而不断调整各个参数的时间。

093 轻松打造逼真文身

本例中我们学习利用 Photoshop 为自己制作一款个性文身。

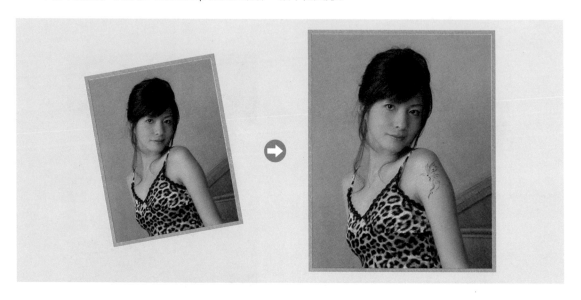

操作技巧

在"混合选项"中，可以通过调整"混合颜色带"中的滑块对图层进行调整。在调整时，按 Alt 键才能拖动滑块。注意调整时图像的变化，慢慢地就能找到调整的规律。

软件操作

01 执行"文件 > 打开"命令，在弹出的对话框中，选择本书配套光盘中的"第 6 章 \ 原图 \ 轻松打造逼真的文身 .jpg"文件，单击"打开"按钮打开此素材。

02 选择"文身素材 .psd"文件，选择工具栏中的魔术棒工具，单击白色背景。按 Ctrl+Shift+I 组合键反选，再按选区拖至人物的胳膊上，并调整大小。将弹出混合模式改为"正片叠底"，进入混合面板，按 Alt 键，调节"混合颜色带"中"本图层"和"下一图层"的滑块（如下图左）。执行"图像 > 调整 > 色彩平衡"命令，在弹出的对话框中调整参数（如下图右）。最后将不透明度改为 70%。

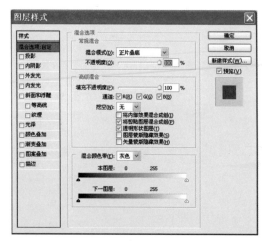

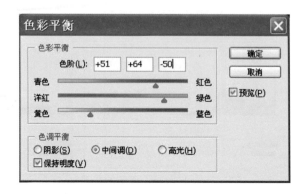

第7章

从照片中抠取物体

在 Photoshop 的应用中，抠图的工具和方法很多，对于不同的照片可以用不一样的方法，这就需要我们学会判断用什么方法最合适。在此章中我们就来学习几种抠图的方法，掌握这些方法对学习后面章节的内容是非常有帮助的。

094 抠取白色背景的物体

扣取白色背景图片中的物体是最常见的一种抠图操作，只需要用到魔术棒工具，这种方法是最常用的也是必须要掌握的。

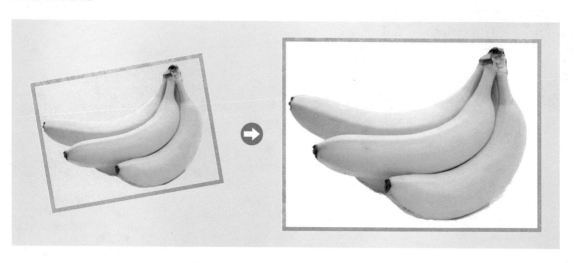

摄影技巧

摄影者偏爱戏剧性的天气，如雨、雪、雾、风暴天气等，利用天气可以使照片增色，并且可以传达一种情绪或者心情。反射着霓虹灯湿漉漉的街道与在阳光普照下看上去迥异，而且迷雾笼罩的废气房屋比晴朗日子里更具气氛。可尝试在不同的天气状况下拍摄相同景物，并且比较每一张影像所传达的情调。

软件操作

01 执行"文件 > 打开"命令，在弹出的对话框中，选择本书配套光盘中的"第 7 章 \ 原图 \ 抠取白色背景的物体 .jpg"文件，单击"打开"按钮打开此素材。

02 选择工具栏中的魔术棒工具，在原图层白色的地方单击鼠标左键，把除物体以外的白色部分选中，然后执行"选择 > 反向"命令，这时选中的部分为物体部分（如下图左）。按 Ctrl+J 组合键新建只含选中部分的图层，然后删除原图层（如下图右），最后将图片另存为 PSD 文件。

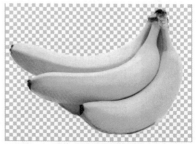

操作技巧

使用魔术棒的时候，需要注意的是，如果背景不完全是白色，可以使用对比度等方法，将背景调为白色后再使用魔术棒工具。魔术棒工具的容差是个很有用的数值，可以灵活运用。

095 抠取外形工整的物体

对于外形比较工整的物体，抠取它只需要用到多边形套索工具，下面我们就来学习一下。

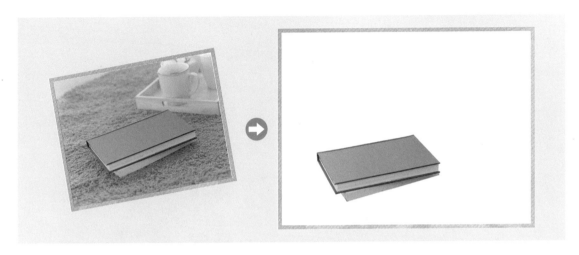

软件操作

01 执行"文件 > 打开"命令，在弹出的对话框中，选择本书配套光盘中的"第 7 章 \ 原图 \ 抠取外形工整的物体 .jpg"文件，单击"打开"按钮打开此素材。

02 先选中工具栏中的多边形套索工具，沿物体的外部轮廓将物体框起来（如下图左）。注意选框细节的时候可以按 Ctrl++ 组合键来放大视图，以便抠取更加细致。按 Ctrl+J 组合键新建只含选中部分的图层（如下图右），将图片另存为 PSD 文件。

📷 **摄影技巧**

> 当在雨中拍摄时，需找一处有遮掩的地方（如门廊），用雨伞或者用塑料袋简单地包好摄像机，并为镜头留个洞，因为水会损害器材。留意落在镜头或者滤光镜上的雨珠，要随时擦干。

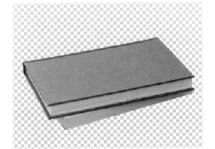

💡 **操作技巧**

> 使用"放大"命令后，如果想要移动画面，只需按住空格键，鼠标变为手形即可。

096 抠取外形不工整的物体

对于比较复杂的物体，Photoshop 的钢笔工具是很好的抠图工具，下面介绍如何利用钢笔工具抠图。

摄影技巧

对摄影有一定了解的读者都明白准确构图的重要性，如：若不是拍摄特写，一般应把主体放在画面的1/3处，同时尽量避开杂乱的背景；从特别的视角来拍摄，尽量捕捉物体的细节与个性，利用一些斜线或曲线的背景构图会让整体画面看上去更为生动。

软件操作

01 执行"文件 > 打开"命令，在弹出的对话框中，选择本书配套光盘中的"第7章\原图\抠取外形不工整的物体.jpg"文件，单击"打开"按钮打开此素材。

02 选择工具栏中的钢笔工具，在主体任意地方单击鼠标左键确定勾取路径的起点，然后在起点的附近主体上选择下一个节点，单击鼠标左键。此时的路径是直线，我们可以在两个节点的中间点出一个节点，按住 Ctrl 键，调整中间节点的位置，从而得到适合主体轮廓的路径（如下图左）。用这种方法慢慢地将主体轮廓勾出来，在路径面板中，按住 Ctrl 键，单击工作路径（如下图右），然后反选选区，将背景部分删除。

097 利用通道抠图

抠取主体与背景反差较大的图，可以利用 Photoshop 中的通道，下面介绍如何利用通道抠图。

软件操作

01 执行"文件 > 打开"命令，在弹出的对话框中，选择本书配套光盘中的"第 7 章 \ 原图 \ 利用通道抠图 .jpg"文件，单击"打开"按钮打开此素材。

02 在"通道"面板中选择"蓝色"通道（如下图左），执行"图形 > 调整 > 色阶"命令，加强其对比度。按住 Ctrl 键，用鼠标左键单击"蓝色"通道，可以看到选区出现。然后单击 RGB 通道，显示所有通道（如下图右）。单击"图层"面板，按 Delete 键将选中区域删除。

📷 摄影技巧

为了拍摄出半空中凝固雨滴的效果，可使用1/125或者更高的快门速度。1/60s时雨滴会出现拉长现象，且在降低快门速度时表现更明显。如果是暗淡背景下，最好突出雨滴，也可以尝试在画面中包含另一个清楚的物体，表明正在下雨，比如打伞的人或者水滴落在水坑里。

🐾 操作技巧

执行删除命令，除了可以按Delete键外，还可以按住鼠标左键，将选中区域拖至"图层"面板下方的垃圾桶图标处。

098 利用可选颜色抠图

对于颜色对比比较大的物体来说，Photoshop 中的可选颜色是很好的抠图工具，下面介绍如何利用可选颜色抠图。

摄影技巧

用光的角度不同，被摄物体的质感会相应地被强化或削弱，被摄物体的形状就会被突出或淡化，照片的基调是愉快的还是忧郁的，也会因用光的角度不同而有所不同。从相机上方或后方（通常称之为正面光）投射过来的光线会降低被摄体的层次感，原因是正面光不利于营造高光和阴影。较好的选择是让光源偏于一侧，同时与被摄体成大约45°角的测光，可以很好地表现被摄物体的形状和细节。

当光线从被摄物体身后射来正对着相机时，就会产生逆光。拍摄对象在逆光中显得富有戏剧性。在拍摄肖像时，逆光可在人物的头发边际产生漂亮的轮廓光。反差大的逆光可以产生剪影的效果。

软件操作

01 执行"文件 > 打开"命令，在弹出的对话框中，选择本书配套光盘中的"第 7 章 \ 原图 \ 利用可选颜色抠图 .jpg"文件，单击"打开"按钮打开此素材。

02 按 Ctrl+J 组合键新建图层，接着按 Ctrl+L 组合键打开调整色阶的对话框，调整色阶（如下图左）。执行"选择 > 色彩范围"命令，单击图中偏外部分（如下图右），可以看到，花的部分以黑色显示出来，单击"确定"按钮。将新建图层删除，然后在背景图层中将选中部分删除。

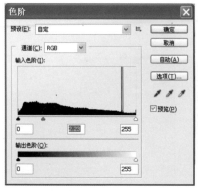

第 8 章
照片简单艺术效果

对于某种特殊的艺术效果，仅仅通过摄影过程是无法体现的，但我们可以利用 Photoshop CS4 实现，本章向读者介绍部分典型的简单艺术效果的实现方法与技巧。

099 为黑白照片快速上色

通过本例的学习，以后遇到黑白照片，我们就能按照自己的意愿为照片上自己喜欢的色彩了。本例主要介绍如何应用 Photoshop 历史记录中的快照、CMYK 模式、历史画笔工具。

摄影技巧

对于传统的摄影师，UV镜是必备设备之一。但由于DC光灵敏度区间向常光波端偏移，也就是说对红光敏感而对蓝紫光（尤其是紫外光）并不敏感。所以在数码相机上加用 UV 镜将得不到所期望的效果，而光学性能不好的 UV 镜还会对成像产生负面影响。

软件操作

01 执行"文件 > 打开"命令，在弹出的对话框中，选择本书配套光盘中的"第 8 章 \ 原图 \ 为黑白照片快速上色 .jpg"文件，单击"打开"按钮打开此素材。

02 执行"图像 > 模式"命令，将图片的灰度模式转成 CMYK 模式，复制一个新层，在"历史记录"面板中单击"创建新快照"（如下图左）。

03 在"图层"面板中选"颜色"通道，在执行"图像 > 调整 > 亮度 / 对比度"命令，在弹出的对话框中。将亮度调大（可调至 125），将对比度调小（可调至 -45），如下图右，可见，CMYK 通道中，人的肤色立即呈现出来了。

操作技巧

快照不会与图像一起存储，关闭图像时将关闭其快照。另外，除非选择"允许非线性历史记录"选项，否则选择一个快照并更改图像将会删除"历史记录"面板中当前列出的所有状态。

04 在"通道"面板中选择 CMYK 通道，并在"历史记录"面板中单击"创建新快捷照"命令（如下图），创建"快照 2"。

05 单击"历史记录"面板中的"快照 1"，再执行"图像 > 调整 > 色彩平衡"命令，在弹出的对话框中，通过调整蓝色和青色的数值，增加图片的蓝色成分（如下图左）。然后在"通道"面板中选择 CMYK 通道，并在"历史记录"面板中单击"创建新快捷照"命令（如下图右），创建"快照 3"。

06 单击"历史记录"面板中的"快照 1"，再执行"图像 > 调整 > 色彩平衡"命令，在弹出的对话框中，通过调整红色和黄色的数值，增加图片的黄色成分（如下图左）。然后在"通道"面板中选择 CMYK 通道，并在"历史记录"面板中单击"创建新快捷照"命令（如下图右），创建"快照 4"。

摄影技巧

照片构图最重要的标准是：
（1）人物和环境的关系及反差情况；
（2）照片所传递的信息价值以及类似事物；
（3）照明和纵深；
（4）突出的线条和照明的画幅。

操作技巧

在创建或应用一个动作前创建快照，这样，如果稍后不喜欢该动作更容易恢复工作。
一个动作的每个步骤都要添加在"历史记录"面板上的状态列表内。含有很多步骤的操作可能会使当前状态超出面板，以至于不能返回到其中的任何状态。
使用"还原"命令只能还原一个步骤和状态。通过创建快照，可以选择并重新显示应用动作之前的图像。

07 与上面的方法一样，调整"色彩平衡"对话框中红色和洋红的数值，增加图片的红色成分，并创建"快照5"（如下图）。

08 单击"历史记录"面板中的"快照2"，恢复到橘黄色画面，再单击蓝色快照（快照3）左边的空格（如下图左），然后利用历史画笔头发（如下图右）。在大块面积历史画笔的笔头选大点，不透明度也设置大点；在交接部位笔头选小一点，不透明度也小一点。

摄影技巧

并非只有对于专业的摄影师或那些狂热的摄影爱好者，三脚架能起到应有的作用。因为要拍摄清晰的图像，拍摄时必须绝对握稳相机，即使最轻微的颤抖都会造成模糊不清的图像，而且对于这种结果我们往往束手无策，也无法通过后期制作来消除。

09 背景是利用黄色快照"快照4"调整的，原理同08一样（如下图左）。衣服颜色利用红色快照（快照5）来调整，原理同08。

单击"历史记录"面板中"快照1"，利用它来调整眼部的眉毛。同样使用历史画笔，这样能让人物的轮廓更加突出一些。嘴唇部位用套索工具勾出来，羽化值选1；执行"图像>调整>色彩平衡"命令，在弹出的对话框中，通过调整红色和洋红的数值，使人物嘴唇颜色突出（如下图右）。

操作技巧

在为我们的图片上色时，历史记录画笔在交接部位要细致，可适当将图放大些，笔头大小要适中，不透明度要小，反复多来几遍。也可以交替利用两个快照，这样交接部位看起来会非常自然。

在本章的实际操作中，只简单地用到三个快照——蓝色、黄色、红色，分别用于头发、背景和衣服，如果还想让自己的图片颜色丰富，还可以按照自己的意愿设计颜色。

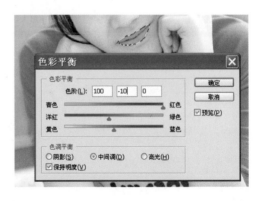

100 制作"非主流"风格的图片

很多读者喜欢追求"个性化",将自己的照片处理成重彩,使五官轮廓突出,将整体画面营造出"重金属"感。发挥你的个性化想象力,进入这类"非主流"图片的制作过程吧。

软件操作

01 执行"文件 > 打开"命令,在弹出的对话框中,选择本书配套光盘中的"第8章\原图\制作'非主流'风格的图片 .jpg"文件,单击"打开"按钮打开此素材。

02 执行"图像 > 调整 > 色阶"命令,在弹出的对话框中,分别选择RGB、红、绿通道设置数值,调整出如下图所示的图片。

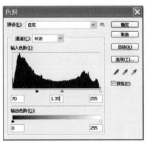
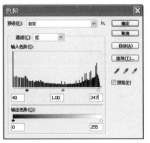

03 选择多边形套索工具,抠取脸部选区(如下图左),按 Shift+F6 组合键,在弹出的"羽化"对话框中将羽化半径数值设为3,按 Ctrl+C 组合键复制;在"图层"面板中单击"创建新图层",再按 Ctrl+V 组合键粘贴(如下图右)。

摄影技巧

我们都希望能处理出独特的照片，那么我们对照片原片的挑剔程度可想而知，下面介绍拍摄人物的 7 个技巧：

1. 改变视角

绝大多数人像照片都是在与眼睛平行的高度拍摄，换一个角度往往能完全改变一张照片的表现力，所以很多摄影老手都会告诉你：不妨站在你能达到的最高点。当然，放低机位也会达到同样的目的。

2. 改变模特的眼神

人物的眼睛往往是画面中最重要的部分，绝大多数拍摄中的模特都注视着镜头，自然而然地引起观看者与被拍摄者的"交流"。如果这种特殊"指向性"利用得当，有时会获得特别的效果，不过，这种"指向"会直接影响构图，如果无构图上的必要则切忌牵强，否则会产生被拍摄者与摄影者"貌合神离"的感觉。

3. 打破构图常规

打破经典的构图常规（三分法则），不仅需要勇气，还需要对场景的理解。如果你需要构成一种强势冲击力的效果，不妨尝试将模特放在画面的边缘。

4. 尝试特殊的用光

人像中有无数种用光方式，侧光可以烘托气氛，双闪灯可以突出轮廓，但特殊光源的使用在给人不一样的形式感的同时，对于营造环境与人的关系有着良好的效果。光形塑造的线条和空间感丰富了构图的几何特性，几乎可以说你的主体就是这些光。

04 在"图层"面板中选择图层 0，执行"滤镜 > 画笔描边 > 深色线条"命令，在弹出的对话框中调整参数（如下图）。

05 在"图层"面板中，选中脸部图层 1，选择多边形套索工具，抠出眼睛选区，按 Shift+F6 组合键，在弹出的"羽化"对话框中将羽化半径数值设为 3（如下图左），然后执行"滤镜 > 画笔描边 > 深色线条"命令（如下图右）。

06 在"图层"面板中新建图层 2，并使其置于图层最上层；然后设置前景色（如下图左），填充前景色，在"图层"面板中将图层混合模式改为"颜色加深"（如下图右）。

07 再在"图层"面板中新建图层3，使其置于图层上层，设置前景色（如下图左）；再在"图层"面板中将图层混合模式改为"正片叠加"，把图层透明度改为65%（如下图右）。

08 选择多变性套索工具，抠出眼睛以外的脸部选区（如下图左）。按下Shift+F6组合键，在弹出的"羽化"对话框中将羽化数值设为3，然后执行"滤镜 > 画笔描边 > 阴影线"命令（如下图右）。

09 执行"图像 > 调整 > 色阶"命令（如下图左）。再执行"滤镜 > 液化"命令（如下图右），选择左栏工具对人物脸部进行调整。

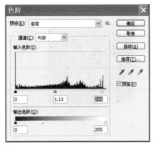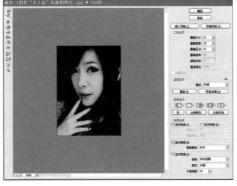

摄影技巧

5. 设计特别的动作

人像摄影是模特和摄影师共同完成的作品，一张精心策划的作品必然比呆板的拍摄更容易引起人们的关注。你可以利用模特的各种动作来构建你的画面，奔跑、跳跃都是非常棒的主题，当然，前提是你要准备好一台具有连拍功能的单反相机。

6. 巧用自然光

当拍摄者在山顶对日出进行拍摄时，由于升起的太阳被过多的云雾所遮挡，因此透过云层的拍摄，可以展示阳光通透的效果，并且光线的线条感也强烈地表达出来了。

7. 拍一组照片

以量取胜可不是简单的连拍，如何从上百张照片里选取几张组成一幅作品是最考验后期编辑功底的。每一种排列都能产生特别的意味，答案并不唯一，但是每一种选择都体现了你对构图和故事的理解——这可不是技巧能够解决的问题。

101 照片变素描

很多朋友会觉得将彩色再做成素描效果很麻烦，其实只要短短几步就搞定，下面，开始本例的学习吧。

操作技巧

在执行"反相"命令时，两个图层叠加会使效果不明显，这时可以先隐藏原片的图层，使图片的负片效果更加明显，方便我们进行后面的操作。

在最后一步中，运用"高斯模糊"滤镜时，模糊半径值可根据需要的素描线条的粗细深浅设置。

软件操作

01 执行"文件 > 打开"命令，在弹出的对话框中，选择本书配套光盘中的"第8章 \ 原图 \ 照片变素描 .jpg"文件，单击"打开"按钮打开此素材。

02 执行"图像 > 调整 > 黑白"命令，在弹出的对话框中设置参数（如下图左1），把图片转换成黑白颜色。然后在"图层"面板中复制图层0，得到一个副本图层。

执行"图像 > 调整 > 反相"命令，将副本图层转换成负片效果（如下图左2），再将副本图层的混合模式改为"颜色减淡"（如下图右2），然后执行"滤镜 > 模糊 > 高斯模糊"命令，调整模糊半径值（如下图右1）。

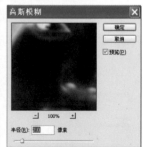

102 制作水彩画效果

　　有些风景图片采用水彩的笔触制作出来，别有一番风味，本例将带你进入一个多姿多彩的水彩世界，发挥你的想象力，制作更加生动的照片。

软件操作

01 执行"文件 > 打开"命令，在弹出的对话框中，选择本书配套光盘中的"第8章\原图\制作水彩画效果 .jpg"文件，单击"打开"按钮打开此素材。

02 执行"滤镜 > 模糊 > 高斯模糊"命令（如下图左），在弹出的对话框中，将"半径"设置为30，"阈值"设置为50，"品质"选择"中"，"模式"选择"正常"，然后单击"确定"按钮（如下图右）。

摄影技巧

　　不要片面追求小光圈。初学者认为小光圈会增加景深，一定会影像清晰，因此，他们往往不分场合，把光圈收得很小，特别是在对焦没有把握时，更相信小光圈会导致降低快门速度，并因此引发照相机的振动。所以，片面追求小光圈不是上策，正确的做法应是积极使用高速度快门和三脚架。

摄影技巧

　　拍摄风景时可以在画面的前景安排一些人或物，这样有助于画面中空间透视的表现。可以找一个高地势的地方拍摄，如阳台、房顶、山坡等。通常下午是最适合拍摄风景的时间。拍摄时使用偏振镜来调节天空的亮度，使天空变得暗一些，突出蓝天上的白云，以增强画面的空间纵深感。

03 执行"滤镜 > 艺术效果 > 水彩"命令（如下图左），在弹出的"水彩"对话框中，将"笔画细节"设置为14，"阴影强度"设置为0，"纹理"设置为1（如下图右），可以看到此时的图像已经有了一些水彩效果。

04 执行"图像 > 调整 > 亮度 / 对比度"命令，在弹出的"亮度 / 对比度"对话框中，将"亮度"设置为30，"对比度"设置为8（如下图）。

操作技巧

　　因为绘制水彩画所用的纸一般都是有纹理的，所以为了能达到更加真实的效果，这里使用了纹理化滤镜。

05 执行"滤镜 > 纹理 > 纹理化"命令（如下图左），在弹出的"纹理化"对话框中，将"凸现"设置为2，其余按默认值设置（如下图右）。

制作水墨画效果

　　水墨画并不是书法家或者画家的专利，通过本例的学习，同样能做出漂亮的水墨画。本例以画家经常画的荷花为素材，如果有兴趣，还可以通过其他图片来提升自己的实力。

软件操作

01 执行"文件 > 打开"命令，在弹出的对话框中，选择本书配套光盘中的"第 8 章 \ 原图 \ 制作水墨画效果 .jpg"文件，单击"打开"按钮打开此素材。

02 在"图层"面板中，新建一个图层，执行"图像 > 调整 > 去色"命令（如下图左），再执行"图像 > 调整 > 色阶"命令，设置参数（如下图右）。

 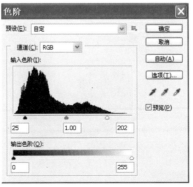

摄影技巧

　　窗光的照明是由很多因素决定的，它的强弱变化要比眼睛看到的大得多。从窗户到被摄者的距离，决定了面部照明的类型。同时，也要看这间屋子的墙壁和地板的反光能力，当被摄者进入富光的死角时，墙壁上的反射光就开始发挥更大的作用了。这时候，被摄者离正对窗户的墙壁越近，照明才能越充分。在室内，只要被摄者移动几尺，强光和阳彩的对比就会有很大的变化。调整距离能够解决照明不均匀的问题。

操作技巧

执行"喷溅"命令时，在对话框中可以预览到图片的变化。可以根据图片的实际要求设置"喷色半径"和"平滑度"的数值。

在为荷花着色时，可以利用画笔的不透明度来调节荷花颜色的浓淡，制作出着墨的痕迹。

如果有兴趣，还可以在题字的后面制作出水印或者自己的印章，使整幅画面更有水墨画的韵味。

03 执行"图像 > 调整 > 反相"命令（如下图左），然后再执行"滤镜 > 模糊 > 高斯模糊"命令，在弹出的对话框中，将数值设置为 1.5（如下图右）。

04 执行"滤镜 > 画笔描边 > 喷溅"命令（如下图左），在弹出的对话框中，将"喷色半径"设置为 9，"平滑度"设置为 10（如下图右）。

05 在"图层"面部中新建一个图层，将图层的混合模式设置为"颜色"，选择工具栏中的画笔工具，将前景色设置为洋红色，然后用"画笔"给荷花上色。

制作动感效果

　　仅仅抓拍到精彩的运动镜头，却没有拍出运动员的动感效果，这不免让人觉得遗憾，本例将利用一些小技巧来弥补这些不如意，那么，我们开始行动吧。

软件操作

01 执行"文件＞打开"命令，在弹出的对话框中，选择本书配套光盘中的"第8章＼原图＼制作动感效果.jpg"文件，单击"打开"按钮打开此素材。

02 复制一个图层副本，执行"滤镜＞模糊＞高斯模糊"命令，将对话框中"角度"设置为6，"模糊距离"设置为20（如下图左）。选择工具中的橡皮擦工具，把图层副本中的滑雪手和滑板擦去，并隐藏图层0（如下图右）。

03 再一次使用"动感模糊"处理图层副本，角度和距离可以适当调节一下（如下图左）。执行"滤镜＞锐化＞USM锐化"命令，在弹出的对话框中，将"半径"设置为6（如下图右）。

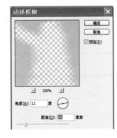 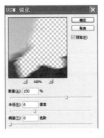

> **操作技巧**
>
> 　　在擦除人物画面时，可以把底层的原图隐藏起来，这样中间被擦去的部分会透明显示，我们可以比较好地掌握画面的擦除效果。
>
> 　　第二次使用"动感模糊"，并让前后两次的角度不一样，这样能使模糊的背景有一定的层次感和生动感。

105 制作抽线效果

制作抽线效果的主要步骤就是制作抽线单位小图，并定义成图案，然后平铺，最后调整透明度或者图层模式。本例将进行详细讲解。

摄影技巧

拍摄透明或半透明的物体时，如花卉、植物枝叶等逆光为最佳光线。因为，一方面逆光照射使透光物体的色明度和饱和度都能得到提高，使顺光光照下平淡无味的透明或半透明物体呈现出美丽的光泽和较好的透明感；另一方面，会使同一画面中的透光物体与不透光物体之间亮度差明显拉大，明暗相对，大大增强了画面的艺术效果。

软件操作

01 新建一个 1 像素 ×2 像素的白色背景文件，用矩形工具将其上半部分的 1 个像素选中，填充为黑色，按 Ctrl+A 组合键全选图案，执行"编辑 > 定义图案"命令（如下图）。

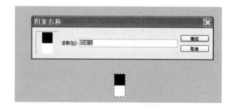

02 执行"文件 > 打开"命令，在弹出的对话框中，选择本书配套光盘中的"第 8 章 \ 原图 \ 制作抽线效果 .jpg"文件，单击"打开"按钮打开此素材。然后执行"图层 > 新填充图层"命令，进行设置（如下图左），选择图案（如下图中），将此图层的混合模式改为叠加，并适当降低透明度（如下图右）。

106 制作拼图效果

　　很多人都喜欢玩拼图游戏，有没有想过也可以将自己喜欢的图片制作成拼图呢？如果想，试试进入本例的学习中吧。

软件操作

01 执行"文件 > 打开"命令，在弹出的对话框中，选择本书配套光盘中的"第 8 章 \ 原图 \ 制作拼图效果 .jpg"文件，单击"打开"按钮打开此素材。
02 新建一个文件并进行设置（如下图左），选择矩形工具，创建图层，然后填充颜色（如下图右）。

摄影技巧

　　在早晨和傍晚的风光摄影中，多采用低角度、大逆光的光影造型手段。逆射的光线会勾画出红霞如染、云海蒸腾，山峦、村落、林木如墨，如果再加上薄雾、轻舟、飞鸟，相互衬托，在视觉和心灵上就会引发出深深的共鸣，可使作品的内涵更深，意境更高，韵味更浓。

操作技巧

本例中，在矩形工具和椭圆工具的使用过程中，均将"样式"设置为"固定大小"，这样在使用时比较方便。

在调整"图层样式/斜面浮雕"时，"样式"和"深度"都可以按图片的最完美方式调整，可以多试几种。

03 选择椭圆工具，与矩形工具同样设置，将"宽度"和"高度"均调整为20px，单击图层，调出选取，按Delete键删除。这样我们基本上能看到拼图的形状了（如下图左），执行"编辑>定义图案"命令（如下图右）。

04 转换到刚才打开的素材文件，新建一个图层，执行"编辑>填充"命令，设置参数（如下图左）。双击"图层"面板上的图层1，在弹出的"图层样式"对话框中选择"斜面与浮雕效果"（如下图右）。

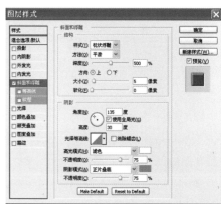

摄影技巧

摄影者通常有很明确的创作主题，由于主题的不同，摄影者在选择背景时就应根据具体的情况分别予以合理的取舍，根据照片所欲阐明的主题来选择背景。如欲显示被摄者的职业特点，可把其工作现场作为背景，并采用现场的自然光线拍摄，力求画面产生常态的气氛，把环境作为画面的一个重要组成部分，以环境来衬托人，用环境来提示人物的内心世界。

05 将图层1的混合模式设置为"变暗"，执行"图像>调整>亮度/对比度"命令（如下图左），再执行"亮度/对比度"命令，将"亮度"和"对比度"的数值均设为100，最终效果如下图右。

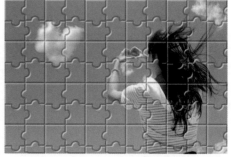

107 制作淡彩钢笔画效果

　　绘制淡彩画时，不需要用过多的颜色，往往能达到另一种境界。在 Photoshop 里面也可以将照片制作出淡彩钢笔画效果。

软件操作

01 执行"文件 > 打开"命令，在弹出的对话框中，选择本书配套光盘中的"第 8 章\原图\制作淡彩钢笔画效果 .jpg"文件，单击"打开"按钮打开此素材。

02 在"图层"面板中复制背景图层，执行"图像 > 调整 > 去色"命令（如下图左），然后再执行"滤镜 > 风格化 > 照亮边缘"命令（如下图右）。

📷 **摄影技巧**

　　早晨或傍晚在逆光下拍摄时，由于空气中介质状况的不同，使色彩构成发生了远近不同的变化；前景暗，背景亮；前景色彩饱和度高，背景色彩饱和度低，从而造成整个画面由远及近，彩色由淡而浓、由亮而暗，形成了微妙的空间纵深感。

03 执行"图像 > 调整 > 反相"命令,然后在"图层"面板上将图层的混合模式改为"叠加"(如下图左)。复制图层 1,将不透明度设置为 80%(如下图右)。

操作技巧

"照亮边缘"滤镜描绘图像的轮廓,勾画颜色变化的边缘,加强其过渡效果,产生轮廓发光的效果。

04 执行"图像 > 调整 > 色阶"命令,用黑色吸管吸取图中最黑的部分(如下图)。

 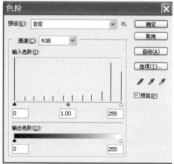

05 选择渐变工具,将"模式"设置为"颜色"(如下图左),再垂直拉一条渐变线,即可得到淡彩效果(如下图右)。

摄影技巧

好的背景能起到烘托、美化被摄人物的作用,而不良的背景则会影响画面的美观。在摄影中,以下景致一般不宜充当背景:

(1)景物凌乱繁杂。

(2)喧宾夺主的亮色块景物。

(3)具有冷色调的景物(因为当它反射到被摄人物脸部时,会使人物显出一种病态的样子)。

(4)反差异常强烈的景物。

108 制作阳光照射效果

天气不好的时候拍摄出的照片往往会令人不满，那么，本例中将介绍如何将照片处理出阳光照射的效果。

软件操作

01 执行"文件 > 打开"命令，在弹出的对话框中，选择本书配套光盘中的"第8章 \ 原图 \ 制作阳光照射效果 .jpg"文件，单击"打开"按钮打开此素材。

02 在工具栏中单击自定义形状，将"形状"设置为"拼贴 2"（如下图左），在打开的图片上面绘制拼贴图形，形状颜色设置为白色或浅白色（如下图右）。

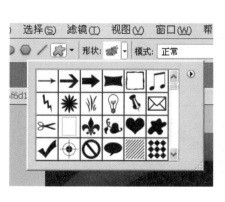

📷 **摄影技巧**

拍摄动物应从两个方面去表现：一是生态描写，主要表现其生活习性，如休息、玩耍、捕食等和个性特征（如虎的勇猛、狼的凶残等）；二是形态描写，每一种动物都有各自的形态，如骆驼峰、斑马的斑纹、孔雀开屏、大象的长鼻等，都能表现出造型的美感。

03 在"图层"面板中将"形状图层"的混合模式改为"叠加",右键单击"形状图层",选择"栅格化图层"(如下图左);然后执行"滤镜 > 模糊 > 高斯模糊"命令,在弹出的对话框中,将"半径"设置为 4.0(如下图右),并将该图层的不透明度改成 70%。

 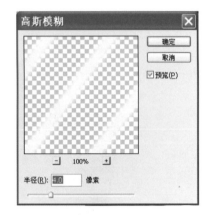

📷 **摄影技巧**

　　拍摄动物时的快门速度一般不低于 1/60s。对于动作敏捷的动物要使用 1/125s 或更快的快门速度。对于动作缓慢的动物,对焦不成问题,而对动作快速、移动性大的动物对焦就比较困难,可采用区域对焦、定点对焦和移动对焦等方法来快速抓拍动物生态形象。

04 选择工具栏中的磁性套索工具,选择人物以外的区域,执行"选择 > 修改 > 羽化"命令,在弹出的对话框中,将"羽化半径"设置为 5(如下图左);删除此区域,然后选择工具栏中的套索工具,勾出小女孩身上的日照效果(如下图右)。

💡 **操作技巧**

　　简单将风景图片的阳光效果处理步骤列示如下:
　　(1)复制打开的风景图,"模式"改为"滤色",再将"色阶"调整成 0、0.1、255。
　　(2)执行"滤镜>模糊>径向模糊"命令,将"数量"调整为 100,"模糊方法"选择"缩放","品质"选择"最好",然后将径向"中心模糊"位置移动到一方。
　　(3)选择"自动色阶",再多复制几层,得到最后阳光照射的效果。
　　这种照片的处理,只用短短的几步就可以完成。

05 按 Ctrl+T 组合键选择变换选区,单击右键,将变换选区选择"变形",调整各个节点。注意图形与小女孩衣服的匹配。

109 制作胶片效果

阅读相册的时候经常会勾起我们的回忆，照片上记录着我们生命中的某个瞬间，本例中，我们将照片制作一段胶片，以便记住以往美丽的片段。

软件操作

01 新建一个文件，大小设置为 90 像素 ×70 像素，选择工具栏中的矩形工具（如下图左），在新建的文件上拉出一个小矩形。执行"选择 > 修改 > 平滑"命令，在弹出的对话框中将半径设置为 4（如下图右），将前景色设置为黑色，按 Alt+Delete 组合键填充。

02 执行"编辑 > 定义画笔预设"命令，在弹出的对话框中，将名称设置为 film（如下图左），然后新建一个文件，大小设置为 1000 像素 ×280 像素，在其上新建一个图层，按 Alt+Delete 组合键填充黑色（如下图右）。

 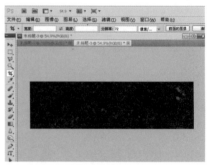

摄影技巧

拍摄野生动物时，为防止意外，最好用长焦镜头在远处抓拍。对于野生动物应了解其习性、经常出没的地区和时间等，以利于拍摄。还应注意闪光灯对动物的影响，尽量使用自然光，若光度实在不足也可利用反射物（如墙壁、积雪等）进行补偿。

---

03 按 X 键转换前景色，选择工具栏中的画笔工具，按下 F5 键调出"画笔预设"，选择"画笔笔尖形状"，找出刚定义的画笔 film，将"直径"设置为 65，"间距"设置为 190%，按住 Shift 键在图层 1 左上方向右拖动，再在图层 1 左下方重复刚才的动作（如下图左）。绘制中间孔位，将"直径"设置为 181，"间距"设置为 150%，按住 Shift 键在中间拉出孔位（如下图右）。

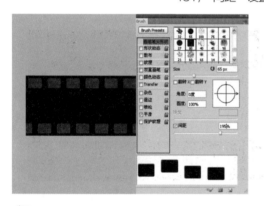 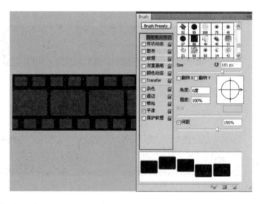

操作技巧

在 03 中，我们在拖拽出菲林上方孔位时，需按下 Shift 键从左到右直线拖动；转换到下方绘制时，要先松开 Shift 键，否则会连续绘制。

在绘制时可以按 Ctrl+R 组合键，调整出标尺，然后拉出一根标线。在制作菲林上方孔位和下方孔位时，都可以此作为辅助，这样这个菲林里面的上下孔位就可以在同样位置，不会错开不齐。

---

04 执行"文件 > 打开"命令，在弹出的对话框中，选择本书配套光盘中的"第 8 章 \ 原图 \ 胶片效果 1.jpg、胶片效果 2.jpg、胶片效果 3.jpg、胶片效果 4.jpg、胶片效果 5.jpg"文件，单击"打开"按钮打开这 5 个素材。

05 在"胶片效果 1"图片中按 Ctrl+A 组合键全选，按 Ctrl+C 组合键复制到剪贴板备用。回到图层 1，用魔术棒工具单击中间任何一个孔位，按 Delete 键删除图层，再按 Ctrl+Shift+V 组合键粘贴刚才复制的"胶片效果 1"图片（如下图左）。按 Ctrl+T 组合键调整图片到孔位大小，其他孔位与此设置相同（如下图右）。

110 制作浮雕效果

如何制作出照片的浮雕效果呢？其实只要短短两步就可以轻松搞定，还等什么呢？我们开始吧！

软件操作

01 执行"文件 > 打开"命令，在弹出的对话框中，选择本书配套光盘中的"第8章 \ 原图 \ 制作浮雕效果 .jpg"文件，单击"打开"按钮打开此素材。

02 执行"滤镜 > 渲染 > 光照效果"命令，弹出对话框，在"纹理通道"中选择"绿"，在左侧预览框中拖动灯光调整灯光的位置，其他按照默认值进行设置（如下图左），接下来执行"图像 > 调整 > 曲线"命令，在弹出的对话框中调整曲线（如下图右）。

操作技巧

在曲线校正对话框中，可以用鼠标直接拖动曲线，同时可以在曲线中单击一点，然后在"输入"和"输出"框中输入自己想要的数值。

调整照片时，若是增大图片的亮度，依照自己的感觉就可以调整，注意要一边调整一边注意图片的变化。

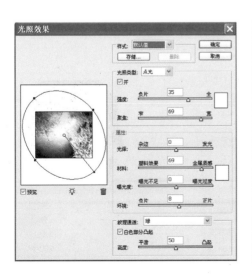

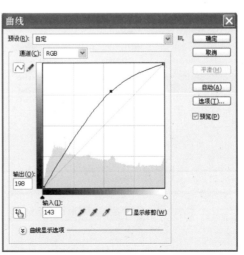

111 制作钢笔画效果

如何将一张普通的照片制作成钢笔画效果呢？此例将进行介绍。

操作技巧

在"渐变反射"中，前景色可以依照自己的喜好或者自己图片的颜色来选择颜色，制作出有着自己喜欢的色彩的图片，让我们的设计制作更加好看并符合自己的心意。

软件操作

01 执行"文件 > 打开"命令，在弹出的对话框中，选择本书配套光盘中的"第8章 \ 原图 \ 制作钢笔画效果 .jpg"文件，单击"打开"按钮打开此素材。

02 执行"滤镜 > 描述 > 绘图笔"命令，设置"绘图笔"的各项参数（如下图左）。接着执行"图像 > 调整 > 去色"命令（如下图中），将图像转为黑白。最后执行"图像 > 调整 > 亮度 / 对比度"命令，适当降低亮度以增强图片的质感（如下图右）。

112 制作油画效果

　　大多数人都很喜欢油画，喜欢它的笔触感，更有很多朋友喜欢将自己的照片处理出油画的感觉，现在，我们开始着手做吧！

软件操作

01 执行"文件 > 打开"命令，在弹出的对话框中，选择本书配套光盘中的"第8章 \ 原图 \ 制作油画效果 .jpg"文件，单击"打开"按钮打开此素材。

02 在"图层"面板中复制一个背景图层，执行"滤镜 > 艺术效果 > 干画笔"命令，在弹出的对话框中，将"画笔大小"设置为2，"画笔细节"设置为10，"纹理"设置为2（如下图左）；再执行"滤镜 > 画笔描边 > 喷色描边"命令，在弹出的对话框中，将"描边长度"设置为7，"喷色半径"设置为9，"描边方向"选择"水平"（如下图右）；最后进行图层的混合模式调整，将其调整为"正片叠底"。

操作技巧

　　在调整图层的混合模式时，还可以将图层调整为"叠加"或"柔光"，具体什么模式适合自己选择的图片，要依据实际情况而定。

113 制作点状虚化效果

在有的照片中，主角和背景一样的清晰，这样就淡化了主角形象。本例中，我们将制作点状虚化效果来突出照片的主角。

摄影技巧

"伊斯特伍德"试用光也是一种效果强烈的侧光照明技术，由于这种用光最初见于美国西部电影明星克林特·伊斯特伍德的照片，因而得名，其独特的照明方式能把这位明星面部和下颌那种不同于常人的富有阳刚之美的层次表现得淋漓尽致，以突出他那彪悍的牛仔形象，因而又被称作表现男子气概的照明方式。

软件操作

01 执行"文件 > 打开"命令，在弹出的对话框中，选择本书配套光盘中的"第8章\原图\制作点状虚化效果 .jpg"文件，单击"打开"按钮打开此素材。

02 在工具栏中选择钢笔工具，在图像中勾出人物图像的路径（如下图左）。按 Ctrl+Enter 组合键将路径转换为选区，选择"通道"面板，单击面板底部的"将选区保存为通道"按钮，将选区保存为通道 Alpha 1（如下图右）。

03 用鼠标双击 Alpha 1，在弹出的"通道选项"对话框中勾选"所选区域"选项，其他设置默认（如下图左）；然后执行"滤镜 > 模糊 > 高斯模糊"命令，在弹出的"高斯模糊"对话框中，将"半径"设置为 25（如下图右）。

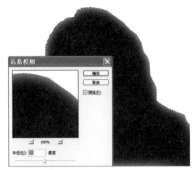

04 进入"通道"面板，将 Alpha 1 拖拽到面板下方的"创建新通道"按钮上，生成新的通道"Alpha 1 副本"（如下图左），在工具栏下方将前景色设置为黑色，背景色设置为白色；接着执行"滤镜 > 像素化 > 点状化"命令，在弹出的"点状化"对话框中，将"单元格大小"设置为 30（如下图右）。

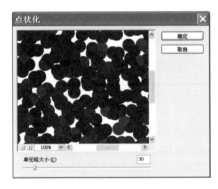

05 按 Ctrl 键单击 Alpha 1 通道，生成选区。执行"选择 > 修改 > 收缩"命令，在弹出的"收缩选区"对话框中，将"收缩量"设置为 10（如下图左），按 Alt+Delete 组合键，用前景色填充选区。再按 Ctrl+D 组合键取消选区，执行"图像 > 调整 > 反相"命令。

　　按 Ctrl 键，单击"Alpha 1 副本"通道，生成选区。然后选择"图层"面板，单击背景图层，并设置前景色为白色（如下图中）。按 Alt+Delete 组合键取消选区。这样，点状虚化照片效果就出来了（如下图右）。

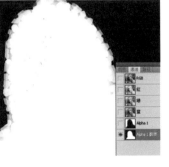

📷 摄影技巧

　　本例是利用 Photoshop 将照片中的主角突出，并虚化背景。现在，我们再讲讲在照相中的虚化。

　　虚化是作为主题的被摄物体的前后可见的东西，比起被摄物体的后方，前方的虚化更大。因为前方的虚化比后方的虚化大，所以当近景中摄入的是花等场面时，大虚化会使花被表现得很柔和，会带来氛围四溢的效果。

　　景深深度以合焦处为界，前面的短，后面的长，但当近距离拍摄时，前后的景深深度几乎是相同的。

　　作为虚化的作画效果，可以强调合焦的部分，略去不要的部分。特别是拍摄背景繁杂的场面时，利用被虚化的背景可以突出主题，就具有让拍摄者从取景窗就可以确认虚化状况的功能。因为从 AF 照相机的明亮反光板上看到的要比实际画面的虚化小，所以要考虑此视差，用心设定光圈。

114 制作剪影效果1

在图片的选择过程中，应尽量选择人物姿势比较丰富的图片。这样，制作出来的剪影效果会很好。

操作技巧

钢笔工具的运用：

单击下一个节点，不要松开鼠标左键，向希望拉出的线性弯曲的反方向拉伸，就可以看到勾画出来的幅度。

按 Alt 键的同时释放鼠标左键，这样又可以开始一个新节点，不用担心下个节点会随着这个节点变动。

很多时候，我们觉得自己的照片背景不是那么完美，但是自己又照得很好，这个时候可以通过钢笔工具将人物从照片中脱离出来。

软件操作

01 执行"文件 > 打开"命令，在弹出的对话框中，选择本书配套光盘中的"第 8 章 \ 原图 \ 制作剪影效果 1.jpg"文件，单击"打开"按钮打开此素材。

02 选择工具栏中的钢笔工具，勾选出人物的路径（如下图左），按 Ctrl+Enter 组合键将路径转换为选区。在"图层"面板中新建一个图层，将前景色设置为黑色，按 Alt+Delete 组合键将选区填充为黑色（如下图右）。这样，我们的人物剪影就出来了。

115 制作剪影效果2

　　普通的照片看多了，有没有想过将照片做成剪影的效果，体现照片的另外一种味道呢？本例将介绍如何利用 Photoshop 达到这样的目的。

软件操作

01 执行"文件 > 打开"命令，在弹出的对话框中，选择本书配套光盘中的"第 8 章 \ 原图 \ 制作剪影效果 2.jpg"文件，单击"打开"按钮打开此素材。

02 执行"图像 > 模式 > 灰度"命令（如下图左），将图片变为灰度。按 Ctrl+I 组合键，调整图片的对比度。再执行"图像 > 模式 > 位图"命令，接着执行"图像 > 模式 > 位图"命令，在弹出的"位图"对话框中选择 50%（如下图右），单击"确定"按钮。

> **摄影技巧**
>
> 　　"像素"是用来计算数码影像的一种单位，数码影像具有连续的浓淡阶调，若把影像放大数倍，会发现这些连续色调其实是由许多色彩相近的小方点所组成的，这些小方点就是构成影像的最小单位"像素"。

> **操作技巧**
>
> 　　调整色阶的快捷键为 Ctrl+L 组合键，除了可用输入数值的方法，也可以通过拖移 3 个色阶按钮调整图片的色阶。向右拖移为加深，反之为减淡。

116 制作百叶窗效果

在日常生活中，经常能见到百叶窗，有的电脑屏保也有百叶窗效果，我们也能用自己的武器设计自己的百叶窗效果，那么，现在开始吧。

软件操作

01 执行"文件 > 打开"命令，在弹出的对话框中，选择本书配套光盘中的"第8章 \ 原图 \ 制作百叶窗效果 .jpg"文件，单击"打开"按钮打开此素材。

02 在"图层"面板新建一个图层，在工具栏中双击渐变工具，弹出"渐变编辑器"对话框，在"预设"中选择"前景色到背景色渐变"，然后在色条中交替编辑黑白色（如下图左）。完成后在图片中由上到下垂直拉出一条竖线，在"图层"面板中的图层混合模式调整为"叠加"，将"不透明度"设置为80%（如下图右）。接下来执行"滤镜 > 模糊 > 模糊"命令，图片的百叶窗效果得以体现。

 操作技巧

本例的难点可能就是在编辑"渐变条"的时候，设置两种颜色交替，怎样才知道黑色色块是否在两个白色色块中间呢？举个例子，单击左边的白色色块，就会在其两边出现小小的菱形框，那就是两个色块的中点，单击其中一个菱形块，就在中间加入了一个色块。然后可以单击下方的"颜色"，选择自己想要的颜色。

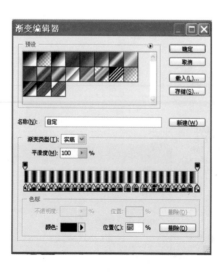 

117 制作老照片效果

现在很多数码相机都可以拍出具有怀旧色彩的照片，其实也就是进行了一些简单的颜色处理，所谓的怀旧也就是让照片蒙上一层黄色，我们还可以利用 Photoshop 作出一些更加逼真且更有质感的怀旧效果，现在就让我们开始吧。

软件操作

01 执行"文件 > 打开"命令，在弹出的对话框中，选择本书配套光盘中的"第 8 章 \ 原图 \ 制作老照片效果 .jpg"文件，单击"打开"按钮打开此素材。

02 执行"图像 > 模式 > 灰度"命令，完成后，再执行"图像 > 模式 > RGB 颜色"命令，接下来执行"图像 > 调整 > 色相 / 饱和度"命令，在弹出的对话框中勾选"着色"复选框，将"色相"设置为 34，"饱和度"设置为 42，"明度"设置为 -12（如下图左）。在"图层"面板中新建一个图层，将工具栏中的前景色设置为黑色，按下 Alt+Delete 组合键将图层 1 填充为黑色，接下来执行"滤镜 > 杂色 > 添加杂色"命令，在弹出的对话框中将"数量"设置为 20%，并选择"高斯分布"和"单色"选项（如下图右）。

操作技巧

在单击"灰度"后，会弹出一个对话框，问我们是否要扔掉颜色信息，只要单击"确定"按钮就可以了。在灰度模式下有些 RGB 模式的编辑信息是不被支持的，而且我们选择扔掉颜色信息，也只是扔掉一些对照片编辑的信息，不会改变自己已经编辑过的效果。

接下来我们要做的就是赋予照片老旧的色调，不过在开始之前我们要先将色彩模式调回 RGB 模式，因为在灰度模式下有很多色彩编辑命令是不可用的。执行"滤镜>模式>RGB 颜色"命令，可便于后面的图像处理操作。

操作技巧

在调整图像的"色相／饱和度"时，选择"着色"复选框，然后就可以在灰色的照片上调整自己想要的颜色了，各项数值的具体设定可根据自己的喜好，将图片制作出最符合自己心意的怀旧照片。

在使用橡皮擦工具时，为了使画面显得更加自然，可将橡皮擦工具的"不透明度"设为40％，"流量"设为70％，设定值可依据自己的图片而定，尽量使画面中擦掉的部分显得柔和、自然。

最后还可以使用模糊工具，在图层1和图层2中再进行一些调整，使画笔更加完美。

03 执行"图像＞调整＞阈值"命令，在弹出的对话框中，将"阈值色阶"设置为85％（如下图左）；然后再执行"滤镜＞模糊＞高斯模糊"命令，在弹出的对话框中，将"角度"设置为90，"距离"设置为999（如下图右），并将图层1的图层混合模式改为"滤色"。

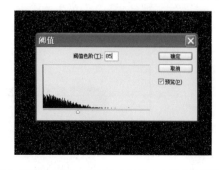

04 复制图层1，在图层1副本上执行"滤镜＞杂色＞添加杂色"命令，在弹出的对话框中将"数量"设置为8％，并选择"高斯分布"和"单色"选项（如下图左）。然后执行"滤镜＞艺术效果＞海绵"命令，在弹出的对话框中将"画笔大小"设置为10，"清晰度"设置为3，"平滑度"设置为5（如下图右）。

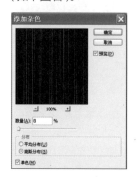

05 执行"滤镜＞杂色＞添加杂色"命令，在弹出的对话框中将"数量"设置为8％，并选择"高斯分布"和"单色"选项（如下图左）；执行"图层＞新调整图形＞曲线"命令，在弹出的对话框中，将"输入"调整为21，"输出"调整为70（如下图中）。

单击背景图层，选择矩形工具，在背景图层上选中一些地方，并且复制，新建图层2，将图形粘贴到图层2中。执行"滤镜＞纹理＞颗粒"命令，在弹出的对话框中，将"强度"设置为70，"对比度"设置为50，"颗粒类型"选择"垂直"（如下图右）。接下来选择工具栏中的橡皮擦工具，在图层2中擦掉一些不必要的部分，将图层2的混合模式调整为"正片叠底"。

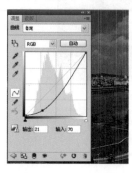

118 制作水波效果

　　我们平时看到的水波效果均是拍摄出来的，展现了摄影者的摄影水平，本例中我们将介绍如何在没有任何素材的情况下制作水波效果。

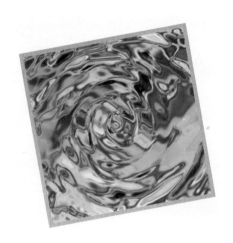

软件操作

01 新建 500 像素 ×500 像素的 RGB 文件，在工具栏中将前景色设置为黑白，背景色设置为白色，执行"滤镜 > 渲染 > 云彩"命令（生成效果如下图左），再执行"滤镜 > 模糊 > 径向模糊"命令，在弹出的对话框中，将"数量"设置为 25，"模糊方法"选择"旋转"，"品质"选择"最好"（如下图中）。执行"滤镜 > 模糊 > 高斯模糊"命令，在弹出的对话框中，将"半径"设置为 5.5（如下图右）。

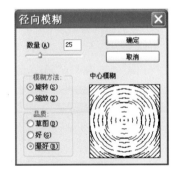
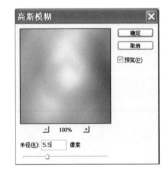

02 执行"滤镜 > 素描 > 基底凸现"命令，在弹出的对话框中，将"细节"设置为 15，"平滑度"设置为 10，"光照"选择"下"（如下图左）；然后执行"滤镜 > 素描 > 铬黄"命令，在弹出的对话框中，将"细节"设置为 7，"平滑度"设置为 5（如下图中）。

　　执行"滤镜 > 扭曲 > 旋转扭曲"命令，在弹出的对话框中，将"角度"设置为 120；再执行"滤镜 > 扭曲 > 水波"命令，在弹出的对话框中，将"数量"设置为 12，"起伏"设置为 5。接下来执行"图像 > 调整 > 色相 / 饱和度"命令，在弹出的对话框中勾选"着色"复选框，将"色相"调整为 205，"饱和度"调整为 35（如下图右），调整完成后即可得到最终效果图。

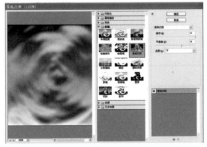
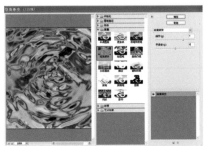

119 制作冰冻效果

炎炎夏日，看到冰冻的画面或许会让人感觉到一丝凉爽，此例我们就来学习如何利用 Photoshop 制作冰冻效果。

📷 摄影技巧

拍摄人像时，不论运用什么光源，只要位于被摄者面前且有足够的亮度，就都会反射到眼睛里，出现反光点，从而构成眼光。眼睛中显示的反光点，在形状、大小和位置上总是不同的。例如：在室内拍摄人像，光线从远离被摄者的窗户照射进来，他的每只眼睛里就会出现明亮的窗影；利用照相机上的闪光灯，就会在眼睛中央造成细小的白点；使用反光罩或反光伞，就会形成一个反射区，这种反射通常会偏向某一边。

软件操作

01 新建一个文件，大小设置为 1200 像素 ×600 像素，选择工具栏中的渐变工具，并设置渐变（如下图左），按住 Shift 键，从上至下拉动鼠标填充画布。选择文字工具，设置字体、字号、颜色、输入文字，并复制图层，单击文字图层副本，再单击右键，选择"栅格化文字"命令（如下图右）。

02 执行"滤镜 > 模糊 > 高斯模糊"命令，在弹出的对话框中，将"半径"设置为 1.5；再执行"滤镜 > 素描 > 铬黄"命令，在弹出的对话框中，将"细节"设置为 1，"平滑度"设置为 8（如下图左）。关闭文字图层副本，激活文字图层，进行"栅格化文字"；执行"滤镜 > 模糊 > 高斯模糊"命令，再执行"图像 > 图像旋转 > 90 度（逆时针）"命令，然后执行"滤镜 > 风格化 > 风"命令（如下图右），再按一次 Ctrl+F 组合键。完成后将画布顺时针旋转 90°。

💡 操作技巧

在执行"风"命令时，需要冰冻的效果是往下的，所以我们需要先将图片逆时针旋转。

本例中，大量运用"图层样式"调整，最终达到我们想要的效果。很多效果的制作都会运用到"斜面和浮雕"，这样往往能达到意想不到的效果，读者可以慢慢摸索。

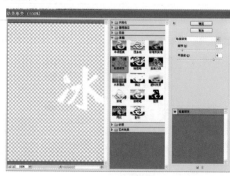

03 在"图层"面板下方单击"添加图层样式",选择"投影"(如下图左)。单击"内阴影","不透明度"设置为25%,"角度"为135,"距离"设置为11,"阻塞"设置为25,"大小"设置为22(如下图右)。

 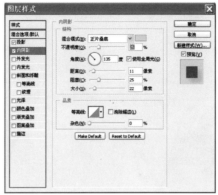

04 单击"外发光","不透明度"设置为35%,"大小"设置为22,其余为默认值(如下图左);再单击"内发光","不透明度"设置为5%,"大小"设置为6,其余为默认值;单击"斜面和浮雕"(如下图右)。

 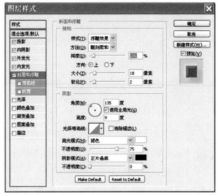

05 单击"等高线",勾选"消除锯齿",再单击"光泽","混合模式"选择"叠加","不透明度"设置为100%,"角度"设置为90,"距离"设置为38,"大小"设置为38,勾选"消除锯齿"和"反相"(如下图左);打开文字图层副本,并激活,把图层混合模式改为"滤色"(如下图右)。

📷 **摄影技巧**

拍摄飞溅的水珠并不需要非常高级的专业相机,而且拍摄的环境也是任何人都可以轻松实现的。一般来说,只要相机的快门速度能够在1/500s以上,并带有强制闪光灯,无论是高端的单反相机,还是最普通的定焦小相机,在合理应用环境光线并正确对焦的情况下,都能够拍摄出非常不错的水珠照片来。可以说,拍摄一张好照片,相机仅仅占到总体因素的30%,另有30%则是环境和拍摄角度问题,而最重要的则在于拿相机的人。

120 打造神秘手

在某些特效作品中往往有一些现实中不存在的神奇。本例将介绍如何利用 Photoshop 打造神秘手。

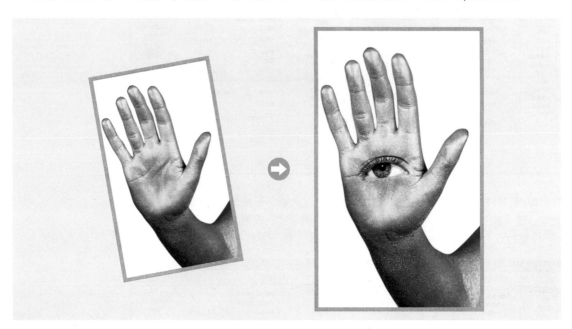

摄影技巧

悬挂在雾气中的轮船，漂浮在池塘的雾霭——水汽可以产生一幅令人有共鸣的画面。像雪地一样，雾气也可以欺骗你的测光表和闪光灯。有些雾气可能近乎于白色。为了确保正确曝光，从拍摄主体上获取曝光读数，或者，假若你可以接近的话，从灰卡上获得。要注意，在浓雾环境下，闪光灯光可能被水体颗粒反射掉，无法到达你的拍摄主体，就像汽车大灯有时只会照亮雾气而无法照明道路的情况一样。

软件操作

01 执行"文件 > 打开"命令，在弹出的对话框中，选择本书配套光盘中的"第 8\ 原图 \ 打造神秘手 1.jpg、打造神秘手 2.jpg"文件，单击"打开"按钮打开素材。

02 将"打造神秘手 2.jpg"拖入"打造神秘手 1.jpg"中，调整其大小和位置（如下图左）。然后在"图层"面板中将眼睛图层的叠加模式设为"强光"（如下图右）即可。

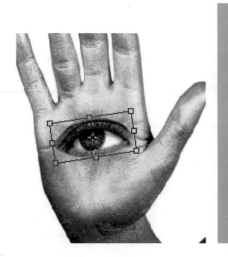

121 制作自己的光盘盘面

现在，刻录机的应用已经很普遍了，能制作光盘的刻录机也有很多，本例中我们就来学习如何利用Photoshop 制作自己的光盘盘面。

软件操作

01 执行"文件 > 打开"命令，在弹出的对话框中，选择本书配套光盘中的"第 8 章 \ 原图 \ 制作自己的光盘 1.jpg、制作自己的光盘 2.jpg"文件，单击"打开"按钮打开素材。

02 将"制作自己的光盘 2.jpg"中的人物用钢笔工具抠取出，然后拖入"制作自己的光盘 1.jpg"中，调整其大小和位置（如下图左）。将人物图层暂时隐去，用圆形选框工具将光盘盘面选中（如下图中）。然后将人物图层显示出来并选中，单击"图层"面板底部的"添加图层蒙版"按钮（如下图右）。最后将光盘的中间用圆形选框工具选中，按 Delete 键删除。

摄影技巧

　　冰雪，像沙滩一样，可以欺骗测光表；明亮的白色导致欠曝，因为测光表自 18% 灰度获得读数。最容易的补偿方式是从灰度卡或者景色中间的色调上获取读数，确保是在主体同样的光线下，测光表并不是从明亮的背景上获取读数。如果是重要的拍摄，就要采用包围曝光。

122 制作景深效果

有时拍摄照片没有注意忽略了主体和背景的区分。本例中，将介绍如何用 Photoshop 制造景深效果。

操作技巧

在用仿制图章工具的时候，如果擦除的是较硬的边缘，可以按 Shift+J 组合键，将画笔笔头变硬，这样涂抹出来的边缘才有明显分界。当修复头发等较复杂的边界时，可以把图像放到很大，用小的软画笔慢慢擦，这样修复的效果会很细致。而从远景到近景的过渡处，可以使用较大的软画笔用低透明度慢慢擦出过渡，这样，效果就不会失真了。

软件操作

01 执行"文件 > 打开"命令，在弹出的对话框中，选择本书配套光盘中的"第 8 章 \ 原图 \ 制作景深效果 .jpg"文件，单击"打开"按钮打开此素材。

02 复制背景层，执行"滤镜 > 模糊 > 高斯模糊"命令，在弹出的对话框中，将"半径"设置为 5（如下图左）。单击"图层"面板上的"添加图层蒙版"按钮，为模糊层加一个蒙版，选择工具栏中的画笔工具，将前景色设置为黑色，然后在蒙版上涂擦，将主体人物部分擦出来（如下图右）。在图层和蒙版之间单击，将图层和蒙版之间的连接解除，接着单击图层缩略图，执行"滤镜 > 模糊 > 高斯模糊"命令，再对图片进行高斯模糊操作。

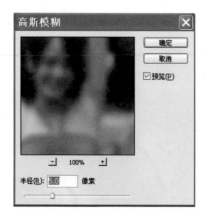

第9章
风景照片美化

喜欢摄影的人一见到美丽的景色，就会立即用相机拍摄下来。很多时候因为光线和天气等原因，拍出的照片也许色彩不够艳丽，或是欠缺一点点修饰。此章我们就来学习如何美化风景照片。

123 山川照片美化

到过川西的人都有这样的体会："天空是那样的蓝，树木是那样的绿，水是那样的清澈……"但实际拍出来的照片往往不像看到的那样艳丽，这就需要我们用 Photoshop 来调色了。

软件操作

01 执行"文件 > 打开"命令，在弹出的对话框中，选择本书配套光盘中的"第9章 \ 原图 \ 山川照片美化 .jpg"文件，单击"打开"按钮打开此素材。

02 执行"图像 > 调整 > 色相 / 饱和度"命令，将"饱和度"的值设为40（如下图左）。接着执行"图像 > 调整 > 色阶"命令，将输入色阶的值从左到右依次设为20、1、249（如下图右），单击确定。

 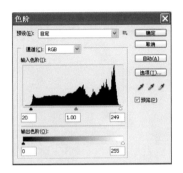

03 执行"图像 > 调整 > 可选颜色"命令（如下图左）。将颜色选为"青色"，然后按下图右进行相应设置。

04 将颜色选为"蓝色"，按下图左进行相应设置。最后将颜色选为"绿色"，按下图右进行相应设置。这样，所有的颜色就都调整好了。

📷 **摄影技巧**

小件物品的照明，既可以用从窗户透过来的自然光，也可以用摄影灯、闪光灯，甚至烛光和落地灯，或者是这些光源的混合光。同时，在物体的另一面，可竖起一个大的反光板以补充阴暗面的光线不足。

如果只用窗户外的自然光，要避免太阳的直射。最好找一个两面都有窗户的墙角，这样就能利用天空的漫射光来照明物体，使之有立体感。如同将室内灯光打开或将一两盏灯靠近物体，以加强主要部分的光线，效果会更好。用两个摄影灯较为适合，把最亮的一个靠近相机。然后在被摄物周围出现美妙的轮廓光。判断光线的强弱，最好用目测。光线应该和阴影有一定的平衡关系，避免反差过强。

✏️ **操作技巧**

执行"色相 / 饱和度"命令的快捷键为Ctrl+U。为照片加饱和度的时候，切忌加得太过，以免导致照片失真。

124 海洋照片美化

在人们的印象中，大海总是蓝蓝的，但拍出来的照片中不一定会有这么蓝，本例我们就来学习利用 Photoshop 美化海洋照片。

摄影技巧

不同焦距的微距镜头，应用特点有所不同，具体是：在同一场景下，镜头的焦距越短则摄距越近；对同一摄距而言，焦距越长的镜头拍摄的画面越大；短焦距镜头可压缩画面，模糊背景，更好地突出主体。一般而言，要在镜头与主体之间留下较大的空间进行照明、布光时，宜用长焦距的微距镜头；拍摄昆虫或其他小动物时，也应选用焦距较长的微距镜头，在离昆虫或小动物较远处拍摄，不至于使之受惊而错过拍摄机会。

软件操作

01 执行"文件 > 打开"命令，在弹出的对话框中，选择本书配套光盘中的"第 9 章 \ 原图 \ 海洋照片美化 .jpg"文件，单击"打开"按钮打开此素材。

02 执行"图像 > 调整 > 色相 / 饱和度"命令（如下图左），将"色相"的值设为 12，"饱和度"的值设为 37（如下图右），然后单击"确定"按钮。

125 雪景照片美化

　　雪是白色的，但雪的世界并不只是因为单一的白色才好看，加入一些色彩或许会更加有意思。此例中我们利用 Photoshop 将树木等背景适当加入一些蓝紫色后得到美化的效果。

软件操作

01 执行"文件 > 打开"命令，在弹出的对话框中，选择本书配套光盘中的"第 9 章 \ 原图 \ 雪景照片美化 .jpg"文件，单击"打开"按钮打开此素材。

02 执行"图像 > 调整 > 色相 / 饱和度"命令（如下图左），然后在弹出的"可选颜色"对话框中将颜色选为"蓝色"，按照下图右进行设置即可。

 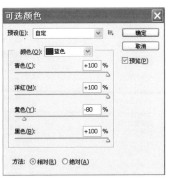

摄影技巧

　　雪景的特点是反光强、亮度高，如果单纯拍摄一片白茫茫的大地，往往会使人感觉到刺眼，什么也看不清楚。所以拍摄时最好选择比较暗的背景，这样会使雪景与暗处的景物形成明暗反差较强烈的对比，以使整个画面的层次感显得更加丰富。

　　假如是晴天，在清晨或者黄昏时分，低角度的阳光会使得雪地比日间显现出更多的细节和质感。避免阳光从你身后直射时拍摄，从雪地直接反射进镜头的光线通常会带给人白茫茫一片的效果。

126 森林照片美化

本例将介绍如何利用 Photoshop 调整照片的色彩，从而美化森林照片。

📷 **摄影技巧**

　　微距镜头给近距离拍摄较小物体提供了方便，但使用微距镜头进行微距拍摄时，景深很小，聚焦要十分仔细，并要将照片机架在三脚架或翻拍架上拍摄。

软件操作

01 执行"文件 > 打开"命令，在弹出的对话框中，选择本书配套光盘中的"第9章 \ 原图 \ 森林照片美化 .jpg"文件，单击"打开"按钮打开此素材。

02 执行"图像 > 调整 > 可选颜色"命令（如下图左），然后在弹出的"可选颜色"对话框中将颜色选为"红色"，按照下图右进行设置即可。

💡 **操作技巧**

　　利用可选颜色调整照片的色彩，可以单独对照片的某一色彩单独调整，而不会影响其他色彩，非常方便。

127 道路照片美化

此例我们学习利用 Photoshop 将普通的道路照片处理成为高速动感的照片,这里只需要用到滤镜中的"径向模糊"功能。

软件操作

01 执行"文件 > 打开"命令,在弹出的对话框中,选择本书配套光盘中的"第 9 章 \ 原图 \ 道路照片美化 .jpg"文件,单击"打开"按钮打开此素材。

02 按 Ctrl+J 组合键新建图层,执行"滤镜 > 模糊 > 径向模糊"命令(如下图左),将数量设置为 30(如下图右),单击"确定"按钮。

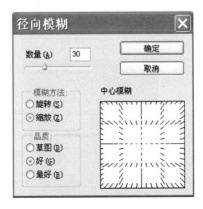

摄影技巧

使用微距镜头近摄时,要根据拍摄倍率进行适当的曝光补偿,一般微距镜头使用说明书上都推荐有相应的曝光补偿数据。现在的镜头反光式照相机多数具有自动曝光功能,当使用具有该功能照相机的自动曝光挡拍摄时,无需进行曝光补偿。

操作技巧

径向模糊有两种模式:旋转和模糊,我们可以根据实际需要灵活运用。

128 制作闪电效果

人们常用"闪电"形容一个事物的速度非常快，而闪电也正是"一闪即过"。此例将介绍如何制作闪电效果。

软件操作

01 执行"文件 > 新建"命令，将宽度和高度都设为2000（如下图）。用快捷键 D 将前景色和背景色设为黑色和白色，选择工具栏中的渐变工具 ▣。

摄影技巧

照相机的通常情况为：手动曝光，曝光指数根据棚内实际光照进行设定；感光度100，在光线充足的情况下建议使用较低感光度，因为感光度越高照片噪点会越明显；闪光灯白平衡，正确的平衡设定对色彩的真实还原起着十分重要的作用，当然我们也可以利用不同的白平衡设定来营造特殊的总色调；评价测光模式，这是大部分相机的标准测光模式，适合大多数拍摄情况。

02 用渐变工具在图中拉出如下图左的渐变形状，执行"滤镜 > 渲染 > 分层云彩"命令（如下图右）。

03 按 Ctrl+Shift+I 组合键执行"反相"命令，得到如下图左所示的效果。再执行"图像 > 调整 > 色阶"命令，将色阶的值依次设为"213、0.25、255"，单击"确定"按钮（如下图右）。

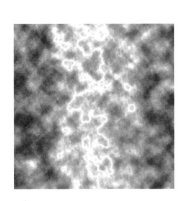

04 执行"文件 > 打开"命令，在弹出的对话框中，选择本书配套光盘中的"第9章 \ 原图 \ 制作闪电效果 .jpg"文件，单击"打开"按钮打开此素材。然后返回闪电文件，按住鼠标将闪电图层拖放至"制作闪电效果 .jpg"文件内。按住 Ctrl+T 组合键将闪电图层缩小（如下图左）。在"图层"面板中，将叠加模式改为"变亮"（如下图右）。

05 选择工具栏中的多边形套索工具，按照下面右套选选区。再执行"选择 > 修改 > 羽化"命令，将羽化值设为"40"（如下图左），然后按 Delete 键来删除部分，可以多删除几次以达到理想效果，可以看到，删除闪电的结尾处变得更加自然了，执行"图像 > 调整 > 色彩平衡"命令，按照下图右进行调整后确认即可。

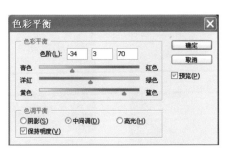

摄影技巧

在中学的物理课中我们可能做过棱镜的试验，白光通过棱镜后被分解成多种颜色逐渐过渡的色谱，颜色依次为红、橙、黄、绿、青、蓝、紫，这就是可见光谱。其中人眼对红、绿、蓝最为敏感，人的眼睛就像一个三色接收器体系，大多数的颜色可以通过红、绿、蓝三色按照不同的比例合成获得。同样，绝大多数单色也可以分解成红、绿、蓝三种色光，这是色度学最为基本的原理。三种基色是互相独立的，任何一种基色都不能由其他两种颜色合成。红、绿、蓝是三基色，这三种颜色合成的颜色范围最为广泛。红、绿、蓝三基色按照不同的比例相加合成混色称为相加混色。

红色 + 绿色 = 黄色；
绿色 + 蓝色 = 青色；
红色 + 蓝色 = 品红；
红色 + 绿色 + 蓝色 = 白色。

129 制作下雪效果

冬季并不是每天都在下雪，想为没下雪时拍摄的照片加上下雪的效果吗？本例将介绍如何制作下雪效果。

摄影技巧

在可以不用高感光的条件下尽量不要用高 ISO，高 ISO 一般是与优秀的画质成反比的，后期的处理也并不是万能的。

操作技巧

按住 Alt+Shift 组合键，然后按住鼠标左键，拖动主题，可以对主题进行复制操作。

软件操作

01 执行"文件 > 打开"命令，在弹出的对话框中，选择本书配套光盘中的"第9章\原图\制作下雪效果 .jpg"文件，单击"打开"按钮打开此素材。

02 新建一个空白图层，然后选择椭圆选框工具，拖出一个椭圆形选区，然后执行"选择 > 修改 > 羽化"命令，将羽化半径设置为 20，用白色填充（如下图左）。接着取消选区，按住 Alt+ Shift 组合键，按住鼠标左键反复将白雪进行复制，并适当调整其大小（如下图右），直至得到满意的雪景效果。

130 制作下雨效果

我们可以通过 Photoshop 强大的功能，为一张在晴天拍摄的照片制作下雨效果，下面我们就进入此例的学习。

软件操作

01 执行"文件 > 打开"命令，在弹出的对话框中，选择本书配套光盘中的"第 9 章 \ 原图 \ 制作下雨效果 .jpg"文件，单击"打开"按钮打开此素材。

02 按 Ctrl+J 组合键新建图层，执行"滤镜 > 像素化 > 点状化"命令（如下图左），将单元格大小设置为 3（如下图右），单击"确定"按钮。

🐾 操作技巧

　　按 Ctrl+J 组合键可以新建一个和原图层完全一致的图层。

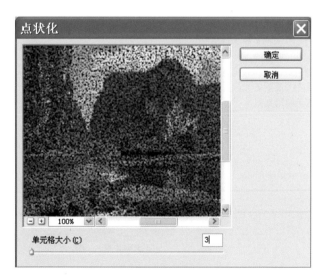

摄影技巧

软调人像布光是一种总色调为中间色的均匀布光方法。这种布光基本上采用多盏灯和多块反光板，使光线最大限度地直射、漫射和反射到被摄者身上。如果布光巧妙，可以拍出相当精彩的人像作品。

03 执行"图像 > 调整 > 阈值"命令（如下图左），将阈值色阶设为 120（如下图右）。

摄影技巧

摄影者最为烦恼的问题是遇上阴沉多云的天气，因为这种天气拍摄出的作品缺乏阴影和反差，光线效果也不好，而且景深一般很浅，被摄物显得非常平淡。如果天空变化较小，可用反差滤光镜增添黑白照片的拍摄效果。拍摄彩色照片可用渐变滤光镜。

曝光量可直接参照测光表读数。因为光线很平，无需用补助光。如果要靠强光和阴影来烘托拍摄效果，千万不要在天气阴沉的情况下拍摄。

一般摄影家总认为，强烈的阳光是拍摄时最难对付的光线之一。因为在直射的阳光下摄影，会使照片的画面显得十分刺眼，使阴影部位和强光部位产生如同聚光灯照明那样的明显界限。因此，拍出的照片反差会很大，色调范围显得很窄，阴影部位和强光部位没有什么其他色调。他们告诫摄影者千万不要用直射的光线，那会使脸部的缺陷更明显。

04 然后在"图层"面板中将图层发的叠加模式改为"滤色"（如下图左）。执行"滤镜 > 模糊 > 动感模糊"命令（如下图右）。

05 将动感模式设为 -80 度，距离设为 30（如下图左），单击"确定"按钮，执行"图像 > 调整 > 色阶"命令，按下图右进行相应的设置。

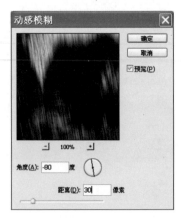
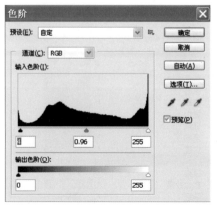

131　制作彩虹效果

本例介绍如何利用 Photoshop 为一张普通的照片加上美丽的彩虹效果。

软件操作

01 执行"文件 > 打开"命令，在弹出的对话框中，选择本书配套光盘中的"第 9 章 \ 原图 \ 制作彩虹效果 .jpg"文件，单击"打开"按钮打开此素材。

02 新建一个图层，然后选择工具栏中的渐变工具，单击画面上方的渐变类型图标，把渐变模式变为"透明彩虹渐变"（如下图）。

摄影技巧

室外拍摄儿童最好选择阴天，因为阴天散射的光线最宜表现儿童圆润光洁的肌肤。如果光线过于强烈，可以在他们头顶撑一把浅色的伞，以减弱光比。

相机设置通常情况为速度优先模式，因为儿童天性活泼，活动的能力非常强，保持设置较高的快门速度便于在拍摄过程中抓拍到他们更为天真自然的一面；拍摄时相机的机位要设置在与儿童等高的位置，这样可以从儿童的角度去观察周围的环境。

在引导造型动作时要鼓励他们自己多发挥，尽量不要去摆拍。

03 在新建图层中拉出如下图左所示的渐变，接着执行"滤镜 > 扭曲 > 极坐标"命令（如下图右）。

04 在弹出的"极坐标"对话框中选择"平面极坐标到极坐标"命令（如下图左）。单击"确定"按钮后得到一个椭圆渐变。执行"编辑 > 自由变换"命令，如下图右调整彩虹渐变。

05 用矩形选框工具选中彩虹渐变的下面部分（如下图左），执行"选择 > 修改 > 羽化"命令，将羽化值设为 20，按 Delete 键多删除几次，最后将彩虹图层的不透明度设为 50%即可（如下图右）。

摄影技巧

　　淡雅色调婚纱照拍摄要点：

　　该风格婚纱的制作意在营造淡雅、素净的画面效果。前期拍摄多为高调照片，后期设计也尽量简洁明了，颜色的选择以白色、淡蓝、淡绿为主，构图排版多采用传统手法。

　　棚内布光选择 U 型光，这是婚纱摄影中最常见的一种用光。布光时有左右两灯加一个底灯以及天空构成，左右两灯的照射指数和使用的灯罩要相同，底灯的照射指数比左右灯的照射指数小 0.5~1 挡。

　　拍摄白纱要表现出新人之间温馨、甜蜜、幸福、浪漫的感觉。在安排美姿时要使两人在画面中成一整体，形体的变化必须与眼神的变化有机结合起来，使之既要有动感上的呼应，又要有情感上的呼应。

132 制作倒影效果

当我们拍摄的倒影不够明显或者没有倒影效果时，可以利用 Photoshop 制作出倒影效果，此例我们就来学习一下。

软件操作

01 执行"文件 > 打开"命令，在弹出的对话框中，选择本书配套光盘中的"第 9 章 \ 原图 \ 制作倒影效果 1.jpg、制作倒影效果 2.psd"文件，单击"打开"按钮打开素材。

02 将绿叶拖入"制作倒影效果 1.jpg"文件中，执行"编辑 > 自由变换"命令，调整其大小及角度（如下图左）。按 Ctrl+J 组合键复制绿叶图层，再一次使用"自由变换"命令，对着变换框单击鼠标右键；选择"垂直翻转"命令，调整这两个绿叶图层垂直对应位置（如下图右）。最后在"图层"面板中，将作为倒影的绿叶层的透明度设为 30 即可。

📷 **摄影技巧**

金属材质分为有光和亚光（镜面和磨砂），它们的共性就是容易产生高光，有光的材质有时候会影射倒影，这时，我们就要考虑如何除掉高光和倒影。除掉高光就是消除一个点发出的点光灯，办法是在主光源前面加一张卫生纸，一般一层卫生纸可以减弱 1/3 的透光亮，也许你会注意到不少专业的新闻摄影师会在闪光灯前加一层白纸，其实就是为了杜绝强硬的高光，柔化光源。再就是解决倒影，其实就是统一倒影，把所有金属表面影射的倒影统一成一种颜色，就是没有倒影了。

133 制作海市蜃楼效果

现实中，能看见海市蜃楼的人毕竟是少数，利用 Photoshop，我们可以随意为照片加上海市蜃楼的效果，此例我们就来学习一下。

软件操作

01 执行"文件 > 打开"命令，在弹出的对话框中，选择本书配套光盘中的"第 2 章 \ 原图 \ 制作海市蜃楼效果 1.jpg、制作海市蜃楼效果 2.jpg"文件，单击"打开"按钮打开素材。

02 将"制作海市蜃楼效果 2.jpg"文件中的城市拖入"制作海市蜃楼效果
1.jpg"中，移动至下图所示的位置，然后选择工具栏中的多边形套索工具。

03 为了方便操作，按 Ctrl++ 组合键适当放大画面。用多边形套索工具
按如下图左所示套选选区。执行"选择 > 反向"命令，将选区反向（如下
图右）。

操作技巧

　　放大视图也可以用工具栏
中的放大工具，快捷键为 Z，
直接单击鼠标左键为放大，按
住 Alt 键后单击左键为缩小。

04 执行"选择 > 修改 > 羽化"命令，将羽化值设为 10（如下图左），单击
"确定"按钮。按 Delete 键进行删除，可以多删除几次直至得到满意效果
（如下图右）。最后可以适当降低楼房图层的透明度，以得到更好的效果。

134 制作朦胧效果

此例将为平淡的图片增加朦胧效果，加深图片的意境。

软件操作

01 执行"文件 > 打开"命令，在弹出的对话框中，选择本书配套光盘中的"第 9 章 \ 原图 \ 制作朦胧效果 .jpg"文件，单击"打开"按钮打开此素材。

02 按 Ctrl+J 组合键新建图层，然后执行"滤镜 > 模糊 > 高斯模糊"命令（如下图左），在弹出的"高斯模糊"对话框中，将半径设置为 6，单击"确定"按钮。在"图层"面板中将图层叠加模式改为"变亮"（如下图右），即可得到我们想要的朦胧效果。

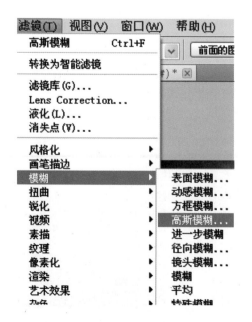

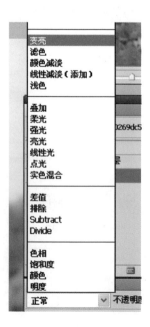

135 制作秋季落叶效果

秋天的落叶总是很美，此例介绍如何利用 Photoshop 制作秋季落叶效果。

软件操作

01 执行"文件 > 打开"命令，在弹出的对话框中，选择本书配套光盘中的"第9章 \ 原图 \ 制作秋季落叶效果 .jpg"文件，单击"打开"按钮打开此素材。

02 新建一个空白图层，在工具栏中选择画笔工具，将画笔设为"散布枫叶"，画笔大小设为 40，不透明度设为 90%，流量为 90%（如下图）。将前景色设为黄色，用画笔工具点出落叶。最后将枫叶图层的叠加模式设为"亮光"即可。

摄影技巧

　　假如拍摄同一景色的照片，而且已经确定自己的测光表欠曝多少的话，可以把曝光补偿转盘设置在自动补偿上。如果相机没有这样的转盘，可以改变 ISO 值以"欺骗"测光表。

　　举个例子，假若你使用 ISO200 胶片测光表读数为 F\16 在 1\250s，自灰卡得到 F\111 在 1\250s 读数，只需改变 ISO 直至 100 来补偿一挡。记住，减半 ISO 值加倍所需到达胶片的光亮。不要忘记在拍摄后转换回原来的设置。

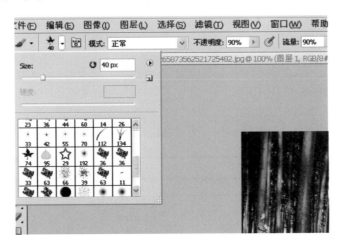

136 制作镜头光晕效果

落日是非常漂亮的，很多摄影爱好者都百拍不厌，如果为日落的照片上一些镜头光晕，照片肯定会更加漂亮。

摄影技巧

对被摄体的正确曝光，既依靠主观因素，也依靠客观因素。要学会如何识别或估算被摄体的色调或反差，然后根据测光表的数据，适当调整快门和光圈，把色调加亮或减暗，从而获得预期的曝光效果。摄影家时刻需要选择，而正确的选择依赖于思考和实践。

软件操作

01 执行"文件 > 打开"命令，在弹出的对话框中，选择本书配套光盘中的"第 9 章 \ 原图 \ 制作镜头光晕效果 .jpg"文件，单击"打开"按钮打开此素材。

02 执行"滤镜 > 渲染 > 镜头光晕"命令（如下图左），在弹出的"镜头光晕"对话框中，将镜头类型设置为 105 毫米聚焦，然后将亮度值改为 100（如下图右），单击"确定"按钮。

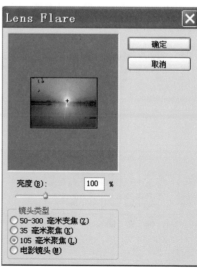

137 制作阳光穿透效果

此例介绍如何利用 Photoshop 为普通的树荫加上阳光穿透的效果。

软件操作

01 执行"文件 > 打开"命令，在弹出的对话框中，选择本书配套光盘中的"第 9 章 \ 原图 \ 制作阳光穿透效果 .jpg"文件，单击"打开"按钮打开此素材。

02 新建一个空白图层，用多边形套索工具顺着光线的方向随意圈出一个四边形选区，用白色进行填充（如下图左），按 Ctrl+D 组合键取消选区。然后执行"滤镜 > 模糊 > 高斯模糊"命令，将半径值设为 10，单击"确定"按钮。再执行"滤镜 > 模糊 > 高斯模糊"命令，让模糊方向和矩形方向一致，适当调整距离值，最后将做好的光线复制几个，调整其大小和方向，适当降低透明度即可（如下图右）。

> 📷 **摄影技巧**
>
> 有时，一个简单的风景也可能由于明亮的天空影响测光表的度数，使得曝光时间太短而破坏了效果，解决的办法是测光时让相机的镜头稍微朝下。当画面中有特别明亮的部分，如有明亮的建筑物、海滩、水面，或深色的被摄体处在浅色的背景上时，一般拍出的照片都太暗，为取得一种可以接受的效果，在测光时有必要尽量排除最明亮的部位。

> ✦ **操作技巧**
>
> 取消选区的快捷键为 Ctrl+D，也可以执行"选择 > 取消选区"命令。

138 制作蓝天白云效果

此例中的原照片中天空是阴沉沉的，没有美感，我们可以通过更换天空使照片生动起来。

摄影技巧

既然摄影是"用光作画"，因此光线照射不到的阴影必然也是作画过程中的一个重要方面。虽然在摄影创作中人们往往忽视阴影的作用，甚至有意地避开阴影，但它仍然是许多摄影作品的一个生动要素，摄影者只要稍加思索，就能创造性地利用阴影，从而改进摄影作品。

软件操作

01 执行"文件 > 打开"命令，在弹出的对话框中，选择本书配套光盘中的"第9章\原图\制作蓝天白云效果1.jpg、制作蓝天白云效果2.jpg"文件，单击"打开"按钮打开素材。

02 将"制作蓝天白云效果2.jpg"拖入"制作蓝天白云效果1.jpg"中，执行"编辑 > 自由变换"命令，调整其大小至完全覆盖背景图层。隐藏蓝天图层，然后用多边形套索工具将背景图层中的天空部分套选出来（如下图左）；单击蓝天图层，在"图层"面板底部单击"添加图层蒙版"按钮（如下图右）。

139 制作逆光效果

拍摄逆光是很难把握的，可是利用 Photoshop 为照片制作逆光效果却是很简单的，下面我们就来学习如何制作逆光效果。

软件操作

01 执行"文件 > 打开"命令，在弹出的对话框中，选择本书配套光盘中的"第 9 章 \ 原图 \ 制作逆光效果 .jpg"文件，单击"打开"按钮打开此素材。

02 按 Ctrl+J 组合键复制图层，执行"滤镜 > 艺术效果 > 水彩"命令（如下图左）。然后在"图层"面板中，将新建图层的叠加模式改为"柔光"即可（如下图右）。

 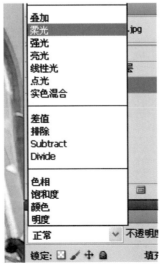

摄影技巧

阴影的性质取决于光线的性质。阴天时光线散射会形成漫射光，能产生非常柔和的阴影，它不明显，有时甚至难以觉察，因此，往往使被摄主体缺少阴影所赋予的立体感和空间感。

摄影技巧

一般来说，清晨和傍晚的影子最长，如果在这时候拍摄，往往可以获得夸张和变形的效果。拍摄时找个较高的视点，效果会更佳。阳光越强，影子就越暗，其效果也就越强烈。黑色的影子由于缺少容易使人转移注意力的细节，因而能产生最强烈、最鲜明的画面形式。

140 沙漠变雪景

　　沙漠和雪景本就是有着天壤之别的两种环境，有没有想过沙漠也能变为雪景呢？此例我们就来学习一下。

📷 **摄影技巧**
　　阴影除了可用作构图的一种要素外，还有其自身的价值。有时，只要仔细观察，便会在被阴影遮掩的区域中发现在直射阳光下不可能获得的异常微妙而往往又美丽柔和的色彩。在明亮的阳光下拍摄的肖像，人物皮肤的纹理和头发的质感往往显得并不美丽，然而，只要稍稍使被摄对象转入阴影区域，并相应地调整曝光量，你就会发现刺眼的东西消失了，取而代之的是一系列微妙的、增加肖像魅力的色调。

软件操作

01 执行"文件 > 打开"命令，在弹出的对话框中，选择本书配套光盘中的"第9章\原图\沙漠变雪景.jpg"文件，单击"打开"按钮打开此素材。

02 新建一个空白图层，用浅蓝色进行填充，然后将此图层的叠加模式设为"颜色减淡"（如下图左）。按 Ctrl+J 组合键复制背景图层，将此图层去色（如下图右）。

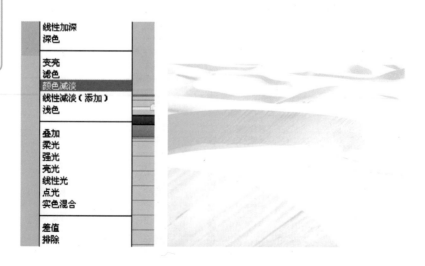

141 制作梦里水乡效果

此例主要介绍在 Photoshop 中如何运用"水彩"滤镜和"蒙尘与划痕"滤镜制作梦里水乡效果。

软件操作

01 执行"文件 > 打开"命令，在弹出的对话框中，选择本书配套光盘中的"第9章\原图\制作梦里水乡效果.jpg"文件，单击"打开"按钮打开此素材。

02 按 Ctrl+J 组合键复制图层，执行"滤镜 > 艺术效果 > 水彩"命令（如下图左），再执行"滤镜 > 杂色 > 蒙尘与划痕"命令（如下图右），将半径设为 10，单击"确定"按钮，最后在"图层"面板中将此图层的叠加模式设为"强光"即可。

> **操作技巧**
> 执行"蒙尘与划痕"命令后，照片会出现块状的变化，蒙尘与划痕的值越大，照片的细节会越少。

142 制作云雾效果

电视剧《西游记》里面的天宫到处云雾缭绕，让人心旷神怡。下面我们就来学习如何为照片添加云雾效果。

摄影技巧

天空无云时，阴影总是蓝的，因为，此时照明阴影部分的光线是蓝色的天空，拍出的照片颜色也必然偏蓝。同样，在多云的天气里，特别是当太阳被浓云遮住时，拍出的照片也会偏蓝。这种情况下，如果要矫正色调，可以利用密度适当的色彩平衡滤光镜。

软件操作

01 执行"文件 > 打开"命令，在弹出的对话框中，选择本书配套光盘中的"第9章\原图\制作云雾效果 1.jpg、制作云雾效果 2.jpg"文件，单击"打开"按钮打开素材。

02 将"制作云雾效果 2.jpg"拖放入"制作云雾效果 1.jpg"中，自动生成图层一，调整图层一的大小，使其铺满画面，然后选择工具栏中的橡皮擦工具，将画笔设为柔角 300 像素，不透明度为 50（如下图左）。接着用橡皮擦工具在图层一中涂抹，将不要的地方涂抹掉（如下图右），直至得到满意效果。

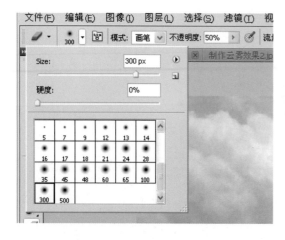

第 10 章

人物照片艺术特效

如何处理好自己的照片？如何处理好照片的简单特效？进入本章学习吧，学成后就可以对自己照片的简单特效处理得心应手。

143 为人物照片换头

"换头"很多人都很感兴趣，可以将自己的照片和明星的照片搭配，这成了很多人爱好的事情。我们只需要按照本例介绍的步骤制作，就可以轻松完成。

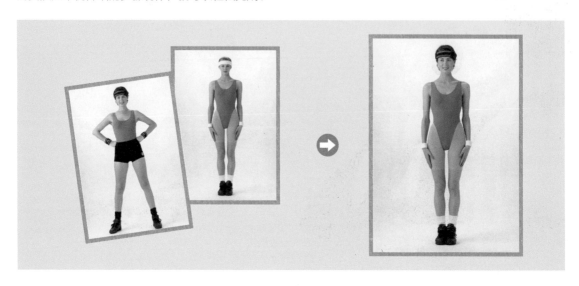

软件操作

01 执行"文件 > 打开"命令，在弹出的对话框中，选择本书配套光盘中的"第 10 章 \ 原图 \ 为人物照片换头 1.jpg、为人物照片换头 2.jpg"文件，单击"打开"按钮打开素材。

02 选择"为人物照片换头 1.jpg"图片，选择工具栏中的套索工具，围绕头部绘制一圈选区（如下图左）。选择工具栏中的移动工具，将选中的人物头部移动到"为人物照片换头 2.jpg"图片中，执行"编辑 > 自由变换"命令，进行调整，使其与"为人物照片换头 2.jpg"中的人物头像部分大小及位置一致，然后单击"图层"面板下方的"添加图层面板"按钮，将前景色设为黑色，再将人物脖子部分进行涂抹（如下图右），使脖子部分结合比较自然，最后适当调整亮度使肤色一致即可。

操作技巧

在选择照片时，应尽量选择两张同光源照片，这样才能使变换出来的图片不会出现错误。

如果选择的半身像头部有蓬松的头发，可以利用工具栏中的仿制图章工具，复制背景将头发覆盖。

在用橡皮擦工具调整头像边缘的时候，可用"["或"]"键控制大小，并设置橡皮擦的透明度，仔细擦掉边缘，使头像和半身像的周边相融合。在调整"色相 / 饱和度"、"色阶"的时候，应对着半身像颈部的颜色调整头像的颜色，"色阶"的每一项都可能用到，为了图片的效果，千万不可怕麻烦。

144 婚纱照合成

现在婚纱摄影店的后期制作往往千篇一律，如何才能体现出我们自己的个性呢？本例将教大家对自己的婚纱照进行合成，制作出属于自己的照片。

软件操作

01 执行"文件 > 打开"命令，在弹出的对话框中，选择本书配套光盘中的"第 10 章 \ 原图 \ 婚纱照合成 .jpg、背景 .jpg、素材 .jpg"文件，单击"打开"按钮打开素材。

02 新建一个文件，选择"婚纱照合成 .jpg"文件，用钢笔工具抠出人物，按 Ctrl+C 组合键复制人物选区，在新建的文件中按 Ctrl+V 组合键粘贴选区。拖拽"背景 .jpg"，使其置于人物图层下。选择人物图层，执行"图像 > 调整 > 曲线"命令（如下图左）。选择"素材"图片，抠出我们需要的图形，将其拖进文件，置于人物图层上方，将图层混合模式中选择"差值"（如下图中）。复制图层 3（素材图层），执行"编辑 > 自由变换 > 旋转 180°"命令，将图形置于图片的左上方，图层混合模式选择"线性加深"。

输入文字，对字体进行"栅格化文字"，执行"滤镜 > 扭曲 > 水波"命令进行设置（如下图右），即可得到最终效果。

操作技巧

为了操作方便，我们在"婚纱照合成 .jpg、素材 .jpg"图片里已经储存了路径。选择路径，并双击存储的"路径"，就能得到选区。现在的婚纱照做艺术效果时都会加上诗情画意的中英文，我们也可以这样操作，让婚纱照体现出个性化。

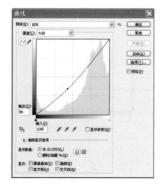

145 单人照添加人物

很多时候，看到我们的单人照时，会觉得有些单调，如果多添加一个人进来一定会增添画面的生气，本例介绍怎样利用 Photoshop 为单人照添加人物。

操作技巧

在为单人照添加人物时，要注意人物之间的关系，例如本例中，我们将男女设置为紧挨的前后关系，也存在阴影的处理问题，男生站过的地方都会出现阴影。

在调整男生肤色的时候，我们采取的是和女生脸部的高光处对比调整，这样会显得更真实一些。

软件操作

01 执行"文件 > 打开"命令，在弹出的对话框中，选择本书配套光盘中的"第10章\原图\单人照添加人物 1.jpg、单人照添加人物 2.jpg"文件，单击"打开"按钮打开素材。

02 选择"单人照添加人物 2.jpg"图片，用魔术棒工具将人物空白处选中，反选选区并拖入"单人照添加人物 1.jpg"图片中，调整大小和位置。单击"图层"面板下方的"添加图层蒙版"按钮，并将图层的不透明度设置为 90%（如下图左）。选择画笔工具，将前景色设置为黑色，将女生多余的部分涂抹掉，要注意与男生身体重合的地方的涂抹。执行"图像 > 调整 > 曲线"命令，在弹出的对话框中调整好男模特的色调（如下图中）。在男生和女生的交界处勾出女生的阴影部分，设置好选区，按下 Ctrl+M 组合键进行调整（如下图右）。

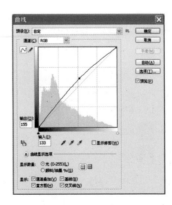
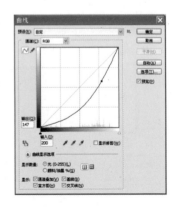

146 为人物照片更换背景

　　有时候，看到很漂亮的图片时，会很希望自己曾经到过那里，能在那里拍摄些照片。不用着急，本例将介绍怎样利用 Photoshop 使自己也能在这些美丽的景色中留下倩影。

软件操作

01 执行"文件 > 打开"命令，在弹出的对话框中，选择本书配套光盘中的"第 10 章 \ 原图 \ 为人物照片更换背景 1.jpg、为人物照片更换背景 2.jpg"文件，单击"打开"按钮打开此素材。

02 选择"为人物照片更换背景 2.jpg"图片，勾出图中人物，并拖拽到"为人物照片更换背景 1.jpg"图片中，按 Ctrl+T 组合键调整大小，再按 Ctrl 键单击"图层"面板上的缩览图，得到人物选区。新建一个图层，将前景色设置为黑色，按 Shift+F6 组合键羽化，将"羽化半径"设置为 5，填充选区。将新建图层置于人物图层下方（如下图左），按 Ctrl+T 组合键对人物阴影进行调整，调整时会运用到"自由变换"、"透视"、"变形"命令，最后将透明度做适当的调整，以达到阴影的效果（如下图右）。

> **操作技巧**
>
> 　　这样的制作中，要注意人物与周围环境色调的融合，更要注意到背景图层的阴影效果，并调整好适合背景图片中人物的阴影，使照片能和风景图片融合在一起。最后调整混合模式，使阴影能更好地融入风景中。羽化的快捷键为 Shift+F6。

147 制作书籍插页效果

有没有想过把自己的照片制作到书籍的插页中呢？此例将介绍如何利用 Photoshop 制作书籍插页效果。

软件操作

01 执行"文件 > 打开"命令，在弹出的对话框中，选择本书配套光盘中的"第10章 \ 原图 \ 制作书籍插页效果 1.jpg、制作书籍插页效果 2.jpg"文件，单击"打开"按钮打开素材。

02 将"制作书籍插页效果 2.jpg"拖入"制作书籍插页效果 1.jpg"中，执行"编辑 > 自由变换"命令，调整其大小和位置（如下图左）。将此图层的叠加模式设为"变暗"（如下图中）。单击"图层"面板下方的"添加图层蒙版"按钮，将前景色设为黑色，在人物边缘的部分进行涂抹，使人物和背景的结合变得自然即可（如下图右）。

148 "克隆"人物

"克隆"人物，在现实生活中是一项很浩大的工程，但是运用 Photoshop 会马上使其简化。想拥有自己和自己的合影吗？那么我们就开始吧。

软件操作

01 执行"文件 > 打开"命令，在弹出的对话框中，选择本书配套光盘中的"第 10 章 \ 原图 \ 克隆人物 1.jpg、克隆人物 2.jpg"文件，单击"打开"按钮打开素材。

02 选择"克隆人物 1.jpg"文件，按 Ctrl+A 组合键全选图片，再按 Ctrl+C 组合键复制。选择"克隆人物 2.jpg"文件，按 Ctrl+V 组合键，将刚才复制的图像粘贴到"克隆人物 2"文件中，得到图层 1（如下图左），将图层 1 的"不透明度"设置为 50%。选择工具栏中的橡皮擦工具，擦掉图层 1 中与背景图层中重合的背景部分（如下图右），完成后将图层 1 的"不透明度"设置为 100%。

操作技巧

本例中的主要要求是在对人物进行二次拍摄过程时，始终保持相机镜头不动，即一直保持图片的背景不动，人物变换多角度、不同姿势，这样做出来的自己和自己的合影才更加生动好看。如果有兴趣，还可以制作出艺术效果，尝试同一背景、不同光源效果的背景中人物的变化。

149 校正歪肩膀

有些时候，不小心拍摄出了歪肩膀的人像，不用担心，利用 Photoshop 只需要短短的几步，便可以将其调正。

💡 **操作技巧**

在用"液化"滤镜调整的时候，一定要注意调整的对象不仅仅是肩膀，衣领、锁骨，衣服纹理同样需要随着肩膀的变化而变化。

调整完后，要注意用辅助线对比左右两边的高度，如果还有瑕疵需要继续调整。

"液化"滤镜用处很多，有时候照片显得手臂很粗、脸很圆等，都可以利用"液化"滤镜进行调整，注意调整时要仔细，一点一点慢慢调整。

软件操作

01 执行"文件 > 打开"命令，在弹出的对话框中，选择本书配套光盘中的"第 10 章 \ 原图 \ 校正歪肩膀 .jpg"文件，单击"打开"按钮打开此素材。

02 执行"滤镜 > 液化"命令，在弹出的对话框中，单击"向前变形工具"，将"画笔大小"、"画笔密度"、"画笔压力"设置为运用起来得心应手的数值。接下来，哪边肩膀高就往下拉，肩膀低就往上提（如下图左），如果不是很满意可继续用"液化"清理（如下图右）。

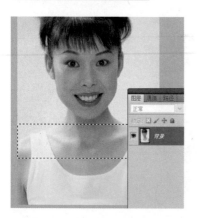

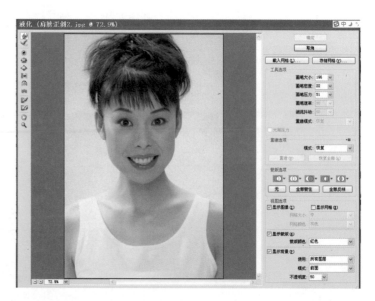

150 消除腰部赘肉

　　长胖了，就不敢面对镜头了，生怕腰部、手臂、脸上的赘肉在镜头下无所遁形。学习本例之后，再也不用担心这个问题了，可利用 Photoshop 将赘肉通通甩掉！

软件操作

01 执行"文件 > 打开"命令，在弹出的对话框中，选择本书配套光盘中的"第 10 章 \ 原图 \ 消除腰部赘肉 .jpg"文件，单击"打开"按钮打开此素材。

02 执行"滤镜 > 液化"命令，在"液化"对话框中，单击"向前变形工具"，选择你认为合适的"画笔大小"、"画笔密度"和"画笔压力"，一点一点挪动腰部的赘肉和手臂的赘肉（如下图左）。再选择褶皱工具，缩小人物的胸部（如下图右）。自己感觉调整的差不多的时候，单击"确定"按钮，完成液化。选择工具栏中的修补工具，对皮肤中拖移痕迹严重的地方进行修补，并交替使用仿制图章工具。

> **操作技巧**
>
> 　　在本例的调整中，要注意对人物整个外轮廓的调整（也就是整个轮廓要往内缩），脸部和颈部也要调整，腰部尽量往下调，显出颈部，制作出拉伸的效果。
>
> 　　调整完后应该进行磨皮，使拖拽的痕迹不再明显。
>
> 　　修补工具的使用方法：先画出我们要修补的地方，使其成为一个选区，然后拖动到我们需要复制的好的皮肤，这样效果会更自然。

151 熨平褶皱衣服

去皱是美化人物形象的一个步骤，本例将介绍如何利用 Photoshop 去除衣服上的褶皱，读者在熟悉之后，也可以去除面部皱纹。

操作技巧

使用历史记录画笔工具时，涂抹的地方会恢复到模糊之前的图像。但是在历史记录面板中，我们已经保存了"高斯模糊"这一步，所以看到图像恢复到打开时不要着急。在历史记录面板中，设置了"源"（高斯模糊）后，我们后面的操作只会让图像恢复到"源"这一步的操作。

软件操作

01 执行"文件 > 打开"命令，在弹出的对话框中，选择本书配套光盘中的"第 10 章 \ 原图 \ 熨平褶皱衣服 .jpg"文件，单击"打开"按钮打开此素材。

02 执行"滤镜 > 模糊 > 高斯模糊"命令，在弹出的对话框中，将"半径"设置为 8.0（如下图左）。在工具栏中选择历史画笔工具，按"]"键将画笔调到很大，在画面中涂抹（如下图中）。打开"历史记录"面板，在"高斯模糊"前面的方框中单击，设置这一步为历史记录的源（如下图右）。使用历史记录画笔工具，按"]"或"["键，将画笔笔头调整到一个合适的大小，在衣服的褶皱上涂抹。

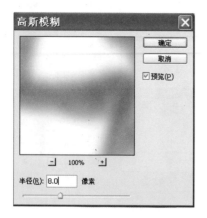

152 衣服染色

本例将介绍利用 Photoshop 为图像中人物穿的衣服染上不同颜色的操作方法。

软件操作

01 执行"文件 > 打开"命令，在弹出的对话框中，选择本书配套光盘中的"第 10 章 \ 原图 \ 衣服染色 .jpg"文件，单击"打开"按钮打开此素材。

02 复制背景层，打开"通道"面板，选择"蓝色"通道，执行"图像 > 计算"命令（如下图左）。选择刚刚计算过的通道，按 Ctrl+A 组合键全选，再按下 Ctrl+C 组合键复制，接下来选择"红色"通道，按 Ctrl+V 组合键粘贴（如下图中），回到"图层"面板，选择"图层 1"，单击"图层"面板下方的"添加矢量蒙版"按钮，在工具栏中的选择画笔工具，调整大小，把不想变的颜色涂抹掉，例如脸、手、头发等（如下图右）。选择"色彩平衡"进行调整，这样就可以调整为想要的颜色。

操作技巧

　　在选择通道时，大家可以随便选择，根据自己的色彩需要选择。

　　使用画笔工具时，在皮肤和背景交界的地方要使用小笔触，避免将背景的颜色也变换出来。

　　在最后的调整阶段，如果大家觉得不是那么真实，可以用"曲线"、"色相 / 饱和度"进行调整，尽可能调整到期望中的颜色。

153 为衣服添加图案

很多朋友问我，怎样在照片中的衣服上画出喜欢的图案，不会太突兀，而又简单，本例教大家在衣服上画图案，对于平整的衣服更容易。

操作技巧

在调整图层的混合模式时，不一定非要选择我们方法中的模式，可以根据自己的图案变换模式。总而言之，以更自然的图形为准则，调整出自己喜欢的样式。

软件操作

01 执行"文件 > 打开"命令，在弹出的对话框中，选择本书配套光盘中的"第10章\原图\为衣服添加图案.jpg"文件，单击"打开"按钮打开此素材。

02 复制背景层，执行"图像 > 调整 > 去色"命令，再执行"图像 > 调整 > 亮度/对比度"命令（如下图左），将图层保存为一个 PSD 文件，如取名为"衣服.psd"，待用。新建一个图层，选择工具栏中的自定义形状工具，选择桃心，在衣服上画出选区，填充为前景色。使用文字工具添加文字，选择桃心图层，执行"滤镜 > 扭曲 > 置换"命令，调节好参数（如下图中）。选择刚才建立的"衣服.psd"文件并打开（如下图右），将文字图层的混合模式设为选择"亮光"，桃心图形的混合模式设为"柔光"。

154 照片合成

本例我们学习利用 Photoshop 来合成照片。

软件操作

01 执行"文件 > 打开"命令，在弹出的对话框中，选择本书配套光盘中的"第 10 章 \ 原图 \ 全家福照片合成 1.jpg、全家福照片合成 2.jpg"文件，单击"打开"按钮打开素材。

02 将"全家福照片合成 2.jpg"文件中的图片拖至"全家福照片合成 1.jpg"文件中，按 Ctrl+T 组合键调整大小和位置并将图层的"不透明度"设置为 60%。单击"图层"面板下方的"添加矢量蒙版"按钮，选择工具栏中的画笔工具，将人物周边的背景和前面女孩涂抹出来。将"不透明度"设为 100%，单击"图层"面板下方的"创建新的填充或调整图层"按钮，在弹出的对话框中调整"内阴影"参数（如下图左）。再执行"图像 > 调整 > 亮度 / 对比度"命令，调整人物的亮度，使人物可以更好地融合在一起（如下图右）。

> **操作技巧**
>
> 选择合成的图片时，要注意图片的光源。在调节两张图片的色彩时，要注意一致。人物前后大小比例要调整得当，用蒙版勾勒出人物。在前景色和背景分别为黑色和白色时使用画笔，可以涂抹掉我们不需要的部分，如果想要还原，将前景色分别设置为白色和黑色进行涂抹即可。

155 制作照片相框效果

有没有想过在人物照片上加上可爱的相框效果？本例将介绍如何利用 Photoshop 制作照片相框效果。

摄影技巧

人们往往会认为，下午的光线以落日时为最佳，其实这是陈旧的观念，因为在日落前有许多很好的拍摄机会。中午过后，太阳就慢慢地西下了，此时有许多侧面拍摄各种被摄物体的机会，拍摄出的照片会有立体感。

当太阳已降得很低时，还可以拍摄逆光照片，被摄者近乎于剪影，而背景则是曝光正确的天空。如果希望背景部分曝光量过度，而主体的曝光正确，则可开大两级光圈。

软件操作

01 执行"文件＞打开"命令，在弹出的对话框中，选择本书配套光盘中的"第10章\原图\制作照片相框效果.jpg"文件，单击"打开"按钮打开此素材。

02 用矩形选框工具选出人物的头部（如下图左），按 Ctrl+J 组合键新建图层。然后在"图层"蒙版中双击新建图层，在弹出的"图层样式"对话框中单击"描边"，按下图右所示进行设置。

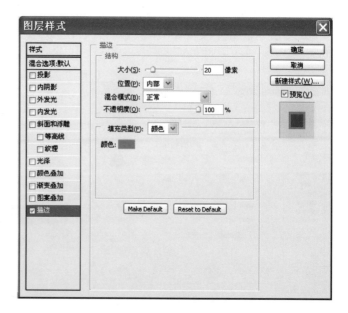

03 接着在"图层"样式对话框中单击"投影",按下图左所示进行设置,再按 Ctrl+J 组合键新建图层,执行"编辑 > 自由变换"命令,调整其大小和角度(如下图右)。

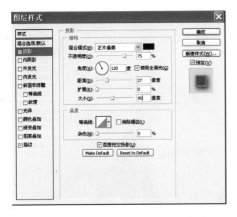

04 再一次在"图层"面板中双击新建图层,在弹出的"图层样式"对话框中单击"描边",按下图左所示进行设置。按 Ctrl+J 组合键新建图层,执行"编辑 > 自由变换"命令,调整其大小和角度(如下图右)。

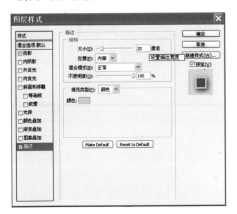

摄影技巧

使用数码相机拍摄照片不需要购买胶片,不需要花钱冲印。用户可以随心所欲地进行拍摄,但会发现从按下相机快门到相机实际拍摄中间会有一定的延迟,很有可能会错过一些精彩的瞬间。如果用户使用数码相机连拍模式,一次拍摄多张照片,连续捕捉被摄物体的瞬间就可以有效避免这一问题。

使用连拍模式拍摄儿童丰富、善变的表情与动作是最适合不过的。

05 再一次在"图层"面板中双击新建图层,在弹出的"图层样式"对话框中单击"描边",按下图左所示进行设置。最后在"图层"面板中选中背景图层,执行"图像 > 调整 > 去色"命令(如下图右),将背景图层变为黑白,即可完成操作。

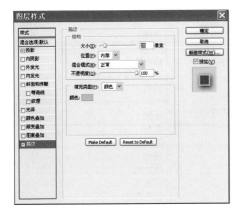
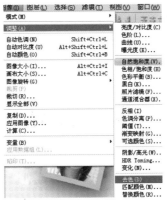

156 制作CG效果

本例将介绍利用 Photoshop 为普通人物照片制作 CG 效果的操作方法。

摄影技巧

好的图像形式必然简洁，简洁是情感表达和形式处理的前提。即使是美好的情感，如果淹没在相互搅和与冲撞的不同感觉之中，就无以表述，杂乱无章当然也就谈不上形式感。一幅好的人像摄影作品，要力求做到中心突出，摄影语言明晰，主次分明，以达到简洁明快的艺术效果。

软件操作

01 执行"文件 > 打开"命令，在弹出的对话框中，选择本书配套光盘中的"第 10 章 \ 原图 \ 制作 CG 效果 .jpg"文件，单击"打开"按钮打开此素材。

02 按 Ctrl+J 组合键复制图层，执行"滤镜 > 杂色 > 蒙尘与划痕"命令，将半径值设为 9，单击"确定"按钮（如下图左）。再按 Ctrl+J 组合键复制图层 1，按 Ctrl+L 组合键打开"色阶"对话框，加强其对比度（如下图中），将此图层的叠加模式设为"滤色"（如下图右）。再执行"图像 > 调整 > 去色"命令即可。

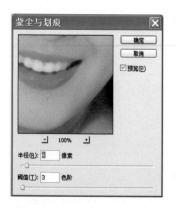

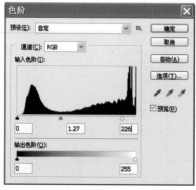

第11章
综 合 案 例

前面我们已经讲到很多照片的制作效果，如果一张照片的效果用到的制作步骤很繁琐该怎么办？本章将综合前面讲到的很多方法来制作照片特效，读者可以通过本章的学习达到举一反三的目的。

157 制作证件照

　　每次去照证件照都很麻烦，费时又费金钱。本例教大家自己做自己的证件照。可以省掉很多麻烦的事情。

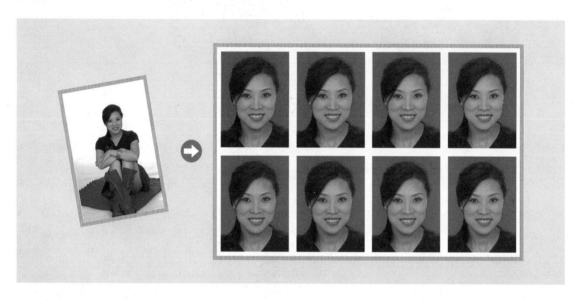

操作技巧

　　很多时候会临时用到证件照，但自己又没有，没关系，找一张自己正面的照片，自己做一版打印出来，这个时候要注意证件照的尺寸、光影以及选择的正面照的两个肩膀。

　　在本例中，单击裁剪工具后，将其设置为一定大小，这样裁剪出来的图片就是我们设置的大小，不用担心自己裁剪的不是自己想要的尺寸。

软件操作

01 执行"文件 > 打开"命令，在弹出的对话框中，选择本书配套光盘中的"第11章 \ 原图 \ 制作证件照 .jpg"文件，单击"打开"按钮打开此素材。

02 选择工具栏中的裁剪工具，设置裁剪参数（如下图左），在图中拖动画出裁剪框，并移动到恰当位置（如下图右）。

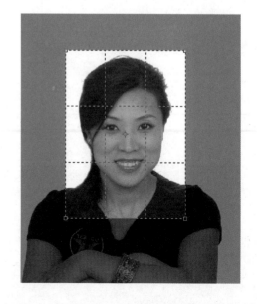

03 用魔术棒工具将人物空白处选中，反选选区，再按 Ctrl+J 组合键复制人像到一个新的图层中（如下图左）。新建一个图层，置于复制人像图层下，将前景色设置为红色，填充新图层。选择复制人像图层前的图像框，按 Ctrl+ Shift+I 组合键得到人像以外的选区，执行"选择 > 修改 > 扩展"命令，在弹出的对话框中，将"扩展量"设置为 2（如下图右）。

摄影技巧

通常人像拍摄，测光是在脸部，甚至更严格一点，在眼睛。使用中央重点或点测光，将观景窗画面中的测光点移至脸部位置，测好光后再移至正确构图，按下快门。因为我们拍摄人像通常采用负片，所以最好过度曝光大约 0.3~1 格，在冲洗时会有比较好的效果。

04 按 Shift+F6 组合键进行羽化，在弹出的羽化框中将"羽化半径"设置为 2（如下图左），按下 Delete 键删除，再按 Ctrl+D 组合键取消选区。再执行"图像 > 画布大小"命令（如下图右），制作出照片的边框。

操作技巧

在人像的处理上要注意不要让边缘太生硬，运用"羽化工具"可以使边缘柔和、自然一些。

对于最后新建的模板一定要计算好尺寸，以我们制作好的右边框的证件照为准。

05 按 Ctrl+Shift+E 组合键合并可见图层，执行"编辑 > 定义图案"命令，命名为"证件照"（如下图左）。新建一个文件，设置各参数（如下图中），执行"编辑 > 填充"命令，在弹出的对话框中选择刚才定义的"证件照"图案（如下图右），这样证件照就排列出来了。

158 制作QQ头像

现在的 QQ 头像可以自己上传了，我们可以制作自己喜欢的头像，本例介绍怎样利用 Photoshop 制作符合自己个性的头像。

操作技巧

本例中，需要注意的是图像本来很小，细节不要太多，尽量使用大部分的颜色来吸引注意。

本例的制作难点是钢笔工具的使用，勾出线后还可以调整，按 Ctrl 键同时左键单击一个节点，看到节点变为黑色就可以开始调整了。节点两边分别出现一个点和直线，按住 Ctrl 键左键单击一边点一边拖动，就可以调整我们画出的这条线的幅度了。同时选择"路径"面板，可以看到我们勾出的线，即"工作路径"。单击右键有几个选项，"填充路径"可以为勾出的范围填充颜色。"描边路径"是和工具栏里的工具相关联的，可以通过调整工具栏中工具的大小来调整描边线的粗细。

软件操作

01 新建一个文件，设置好参数（如下图左）。新建一个图层，选择工具栏中的钢笔工具，勾出大致轮廓（如下图右），填充为前景色（黑色）。

02 新建一个图层，将嘴唇勾画出来，填充为红色；勾出黑眼仁，填充为黑色；在上面用画笔工具点出高光。再新建一个图层，置于刚才的图层下，选择渐变蓝色。将整个瞳孔勾出来并拉出蓝色的渐变。回到嘴唇的那个图层，把头发勾出来，填充为黑色（如下图）。这样一张黑白分明的 QQ 头像就制作出来了。

159 制作手机壁纸

现在手机的普及率相当高，此例将介绍如何利用 Photoshop 为自己的手机制作自己喜爱的壁纸。

软件操作

01 执行"文件 > 打开"命令，在弹出的对话框中，选择本书配套光盘中的"第 11 章 \ 原图 \ 制作手机壁纸 .jpg"文件，单击"打开"按钮打开此素材。

02 按 Ctrl+N 组合键，在弹出的新建对话框中，将"宽度"设为 240，"高度"设为 320（如下图左），然后单击"确定"按钮。将"制作手机壁纸 .jpg"拖入新建的文件中，执行"编辑 > 自由变换"命令，如下图右所示调整其大小和位置。

> **操作技巧**
>
> 此例中，手机屏幕尺寸为 24mm×32mm，不同手机的屏幕尺寸会有差异，读者可以根据自己手机来确定新建文件的尺寸。

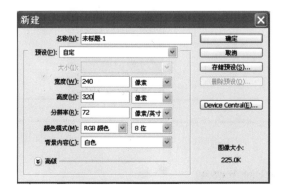

160 制作个性化电脑桌面

你是否想把自己的照片放在自己的电脑桌面上，使其成为独一无二的属于自己的电脑桌面呢？本例将教大家制作有自己照片的个性化电脑桌面。

💡 操作技巧

制作个性化桌面并不一定是要用人物照片，用我们平时拍摄的风景或者静物也可以。要注意图片的主体在图片中所占的比例，大面积留空逐渐成为个性化的一种体现。调整色调、添加文字都能体现出设计者的品味和个性。

本例中我们通过制作"非主流"人物效果来讲解，同时将前面讲到过的效果一并运用，帮助读者体验一下多种效果制作叠加的感觉。

软件操作

01 新建一个文件，大小为 1024 像素 ×768 像素，分辨率设置为 72，色彩模式为 RGB。执行"文件 > 打开"命令，在弹出的对话框中，选择本书配套光盘中的"第 11 章 \ 原图 \ 制作个性化电脑桌面 .jpg"文件，单击"打开"按钮打开此素材。将图片拖至新建文件，调整图片宽度，使其与新建文件宽度一样，并置于文件中间，将背景图层填充为黑色。

02 选中工具栏中的钢笔工具，将背包抠出来，按 Shift+F6 组合键进行羽化，在弹出的对话框中将"羽化半径"设置为 2，按 Ctrl+J 键将图像复制到一个新图层中，双击新图层命名为"背包"，回到图层 1。执行"图像 > 调整 > 去色"命令（如下图左），新建一个图层，填充为黑色；执行"滤镜 > 杂色 > 添加杂色"命令，在弹出的对话框中将"数量"设置为 30%，并选择"高斯分布"和"单色"选项（如下图右）。

03 执行"图像 > 调整 > 阈值"命令，在弹出的对话框中，将"阈值色彩"设置为85（如下图左）；再执行"滤镜 > 模糊 > 高斯模糊"命令，在弹出的对话框中，将"角度"设置为90，"距离"设置为400（如下图右），并将图层1的图层混合模式改为"滤色"。

摄影技巧

改变主体和照片边缘的距离，这样的构图会更有吸引力，而且会给看图的人留下一定的视觉空间。

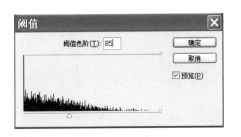 

04 复制图层2，在图层2副本上执行"滤镜 > 杂色 > 添加杂色"命令，在弹出的对话框中将"数量"设置为10%，并选择"高斯分布"和"单色"选项（如下图左）。然后执行"滤镜 > 艺术效果 > 海绵"命令，在弹出的对话框中将"画笔大小"设置为10，"清晰度"设置为3，"平滑度"设置为5（如下图右）。

操作技巧

本例主要制作老照片效果，并调整出我们喜欢的颜色，做出"非主流"效果的桌面，主要在黑白图片当中有一些色彩作为点缀。如果大家想制作其他效果，可以运用我们前面讲解过的方法制作。

在桌面上添加一些文字和图案，能充分表现自己的个性化色彩与桌面上文字和色彩相互叠加的制作效果，将人物的深浅对比调节大些，"非主流"的感觉会更为强烈。

05 执行"滤镜 > 杂色 > 添加杂色"命令，在弹出的对话框中将"数量"设置为10%，并选择"高斯分布"和"单色"选项（如下图左）；执行"图层 > 新调整图层 > 曲线"命令，在弹出的对话框中将"输入"调整为88，"输出"调整为21（如下图中）。选择图层1，选择矩形选框工具栏中的橡皮擦工具，在图层3中擦掉一些不必要的部分，并将图层3的混合模式调整为"正片叠底"。

06 执行"图像 > 调整 > 亮度 / 对比度"命令，在弹出的对话框中将"亮度"设置为 −34，"对比度"设置为 94（如下图左）；选择"图层"面板，单击面板下方的"创建新的填充或调整图层"按钮，选择"可选颜色"，选择黑色，设置好参数（如下图中）。然后选择白色，将"青色"设置为 +39（如下图右）。

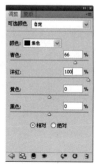

摄影技巧

若图像中的主体显得太小，或者太不引人注目，这时需要大范围或者小范围的裁剪，以突出主体，在主体和边框间制造动态的视觉空间，也可使影像更为生动。

07 选择图层 1，执行"滤镜 > 渲染 > 光照效果"命令，在弹出的对话框中设置好参数（如下图左）。执行"文件 > 打开"命令，在弹出的对话框中，选择本书配套光盘中的"第 11 章 \ 原图 \ 制作个性化桌面素材 .jpg"文件，单击"打开"按钮打开此素材，执行"图像 > 调整 > 去色"命令，再将素材拖入文件中并置于最上层，然后执行"反相"命令（如下图右）。

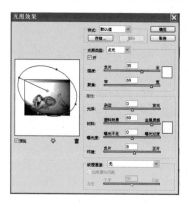

操作技巧

由于图片是黑白的，调整"可选颜色"，主要调整黑色和白色选项，选择黑色选项，再调整列示各种颜色，以得到画面整体暗部的色彩；选择白色选项，调整列示各种颜色，以得到画面高光的色彩。

制作"光照效果"滤镜时，需注意观察左边小图的效果，选出让自己最满意的光照，同时还能隐下图片四周的亮度。

填充嘴唇颜色后，可以通过调整填充混合模式改变图片色彩效果。

08 新建一个图层，置于图层 1 之上，使用工具栏中的钢笔工具勾选出嘴唇并建立选区，填充为红色，把图层混合模式改为"变暗"（如下图左）；复制素材图层，置于背包图层下方，将图层混合模式设置为"亮光"（如下图右）。

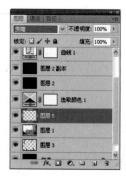

161 制作台历

怎样制作出台历？其实台历内的月历页比较好制作，我们可以自己制作出台历的每一页，本例将介绍如何利用 Photoshop 绘制出立着的台历效果，就跟着本例的步骤做吧！

软件操作

01 新建一个文件，大小为 20cm × 15cm，分辨率设置为 200，颜色模式为 RGB，填充为黑色，执行"滤镜 > 渲染 > 镜头光晕"命令，在弹出的对话框中将参数设置好（如右图左）。新建图层 1，在图层下方绘制出一个矩形区域，选择工具栏中的渐变工具，将前景色设置为黄色，背景色设置为黑色，按下 Shift 键并拖动出渐变图形（如右图右）。

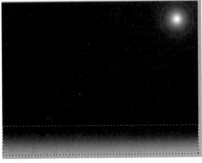

02 新建图层 2，绘制出一个矩形选区，将前景色设置为浅黄色并填充选区，按 Ctrl+D 组合键取消选区。在"图层"面板的下方单击"添加图层样式"按钮，选择"斜面和浮雕"，在弹出的对话框中设置好参数（如下图左）。新建图层 3，并置于图层 2 下方，选择工具栏中的多边形套索工具，绘制出台历的背面（如下图右）。

操作技巧

如果愿意，可以在台历的图片上多做一些效果，或者用自己的照片。可以做一本独一无二的台历写真，上面都是自己的写真。

03 将前景色设置为灰色并填充刚才绘制的选区，按 Ctrl+D 组合键取消选区；单击"图层"面板下方的"添加图层样式"按钮，选择"斜面与浮雕"，在弹出的对话框中设置好参数（如下图左）。新建图层 4 并置于图层 3 下方，选择多边形套索工具，勾选出台历的阴影选区并填充为黑色（如下图右）。新建图层 5 并置于图层最上方，在台历正面下方用矩形工具绘制出一个长条，填充为灰色。

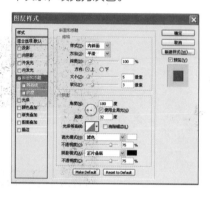 

摄影技巧

在摄影中，应用几何形状是一种基础和常见的方式，简单的形状可以为一张照片加入次序和层次感。

04 执行"文件 > 打开"命令，在弹出的对话框中，选择本书配套光盘中的"第 11 章 \ 原图 \ 制作台历 1.jpg"文件，单击"打开"按钮打开此素材并将图片拖至文件当中，调整大小置于台历的中间（如下图左）。执行"文件 > 打开"命令，在弹出的对话框中，选择本书配套光盘中的"第 11 章 \ 原图 \ 制作台历 2.jpg"文件制作图片，单击图层中的"添加图层样式"按钮，选择"描边"，在弹出的对话框中调整参数（如下图右）。

 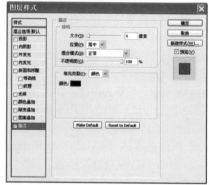

操作技巧

在导入文字的时候，最好拉上辅助线，可以使文字排列得有规则。植入日期时，可以在上排的星期两边都拉上辅助线，这样就能使我们设置的日期对准星期的中间。

制作完一整排后，在"图层"面板上单击日期图层的最下层，然后按住 Shift 键的同时单击日期图层的最上层，这样我们就把刚才的一整排日期的图层选中了，将鼠标回到桌面上，再按 Ctrl+Alt 组合键同时拖动其中任意一个日期，这样就复制了一整排的日期。

05 新建一个图层，用矩形选框工具在台历上方绘制出黑色方框，再新建一个图层，使用椭圆选框工具绘制出椭圆选区。执行"编辑 > 描边"命令，在弹出的对话框中，将"宽度"设置为 1，"颜色"设置为白色（如下图）。

162 制作大头贴

其实大头贴不用我们花钱去照，自己利用 Photoshop 都可以制作出来，还能做出随心所欲的效果。

软件操作

01 执行"文件 > 打开"命令，在弹出的对话框中，选择本书配套光盘中的"第 11 章 \ 原图 \ 制作大头贴 .jpg"文件，单击"打开"按钮打开此素材。

02 选中工具栏中的矩形选框工具，框选人物的头部，然后进行裁切。执行"路径 > 扭曲 > 球面化"命令，在弹出的对话框中，将"数量"设置为30%（如下图左），选中工具栏中的裁剪工具按钮，将照片进行裁剪。新建一个图层，将前景色设置为粉色，RGB 值分别为 250、200、220，按Alt+Delete 组合键为图层填充粉色，在"图层"面板中将该图层的"不透明度"设置为 60%（如下图右）。

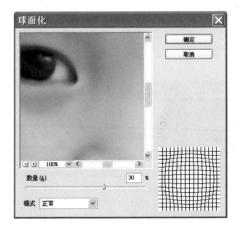

操作技巧

　　本例制作的效果属于可爱类型，如果想制作出一些个性化的效果，也可以采用不同的素材制作出不同的风格。但是切记，不要在人物的面部制作过多的效果。

　　另外，因为摄像头拍摄的大头贴普遍产生偏色，通常面部呈粉色，所以在开始的步骤会制作出凸面的图片效果，还会将人物的皮肤填充为粉红色。

03 选择工具栏中的钢笔工具，将人物的皮肤勾选出来，按 Shift+F6 组合键进行羽化，将"羽化半径"设置为 3（如下图左）。按 Ctrl+Shift+I 组合键反选选区，接着按 Delete 键将选区删除。在"图层"面板中将混合模式设置为"色相"（如下图右）。

04 执行"图像 > 画布大小"命令，在弹出的对话框中，将画布四周加大一些。新建一个图层，选择工具栏中的自定义形状工具（如下图左），选择形状并在画面中绘制出路径，按 Ctrl+Enter 组合键建立选区，再按 Ctrl+Shift+I 组合键反选选区并填充白色。单击"图层"面板下方的"添加矢量蒙版"按钮，选择"投影"并设置好参数（如下图右）。

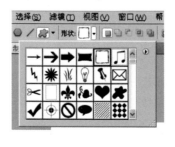 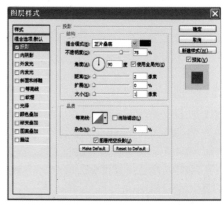

摄影技巧

拍摄那些对于人眼而言移动太快而难以跟随或者难以看清楚的物体，进行动作拍摄的方式很简单，高度快门便会捕捉住瞬间，低速快门会导致动态模糊。

05 执行"文件 > 打开"命令，在弹出的对话框中，选择本书配套光盘中的"第 11 章 \ 原图 \ 制作大头贴素材 1.jpg"文件，单击"打开"按钮打开此素材。选择"素材 1"，用工具栏中的魔棒工具单击出空白的区域，反选选区并将选区拖入刚才的文件中，调整好大小和位置。选择"制作大头贴素材 2.jpg"文件，用钢笔工具勾出喜欢的素材并拖入文件，置于你喜欢的位置上，单击形状 1 图层，用魔术棒工具将空白处选中，反选按 Delete 键删除选区（如下图）。

操作技巧

不只钢笔工具可以制作路径，工具栏中的矩形工具的一系列工具也能制作出路径。在自定形状工具内有很多可供大家选择的图案，在本例制作中也大量用到。对于路径来说，想要把路径变为选区，只需要按住 Ctrl+Enter 组合键就可以了。

163 制作美女艺术照

　　拍摄艺术照是件很麻烦的事情，既费时间，又费精力。本例学习完之后，我们就可以利用 Photoshop 制作出自己的艺术照，不用专门跑影楼了。

软件操作

01 执行"文件 > 打开"命令，在弹出的对话框中，选择本书配套光盘中的"第 11 章 \ 原图 \ 制作美女艺术照 .jpg"文件，单击"打开"按钮打开此素材。

02 复制背景图层，执行"图像 > 调整 > 曲线"命令，在弹出的对话框中设置好数值（如下图左）；再执行"滤镜 > 模糊 > 高斯模糊"命令，在弹出的对话框中，将"半径"设置为 3.5（如下图右）。

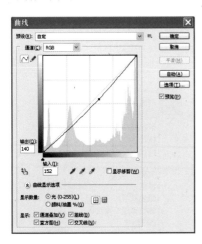
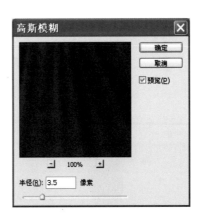

操作技巧

　　本例中，我们让整张画面都处于同一个色调中，制作出一种怀旧的风情。

　　艺术照的效果首先是要让人显得好看或者精致，所以人物处理是必需步骤。

　　使用历史记录画笔在皮肤上涂抹，能使皮肤光滑白皙，如果还有小瑕疵，可以通过仿制图章工具和修补工具进行调整。

03 打开"历史记录"面板，单击面板下方的"创建新快照"按钮，勾选"快照"，选择工具栏中的历史记录画笔工具，调整为合适大小，在人物的皮肤上涂抹（如下图左）。执行"滤镜 > 锐化 > 锐化"命令，在"通道"面板中选中"蓝色"通道，执行"图像 > 应用图像"命令，在弹出的对话框中设置参数（如下图右）。

04 在"通道"面板中选中"绿色"通道，执行"图像 > 应用图像"命令，在弹出的对话框中设置参数（如下图左）。回到 RGB 通道，选择"色阶"选项，调整各个参数（如下图右）。

摄影技巧

　　360°全景——转动身体的同时，拍摄不同方向的单独照片，后期可以通过Photoshop处理，将这些照片组合在一起。

操作技巧

　　文字，在整张画面中起着修饰的作用，是整张艺术照片的细节，有这样的点缀，整张艺术照的效果会更加丰富和细致。

　　在制作属于自己的艺术照时，可以按照自己的意愿制作，填入文字并将文字处理成自己喜欢的效果。

　　制作文字效果的时候，如果想把我们的素材置入文字当中，做法很简单：将素材图层置于文字图层上，选择素材图层，单击右键，选择"创建剪切蒙版"。这个时候，我们的文字内就出现了素材花纹图案。

　　在本例的制作过程中，我们还将文字做了处理，为文字制作了图案背景，添加蒙版，并制作出渐变效果，让图案有一种淡出的效果。如果大家愿意，还可以将纹理和文字拼在一起做出更好看的图形。

05 单击"图层"面板下方的"创建新的填充调整图层"按钮，选择"可选颜色"选项，设置参数（如下图左）。执行"滤镜 > 锐化 > 锐化边缘"命令，选择图层 0 副本，将图层混合模式改为"正片叠底"。执行"文件 > 打开"命令，在弹出的对话框中，选择本书配套光盘中的"第 11 章 \ 原图 \ 美女艺术照制作素材 .jpg"文件，单击"打开"按钮打开此素材。拖拽进文件，调整大小和位置，把图层混合模式调整为"正片叠底"。

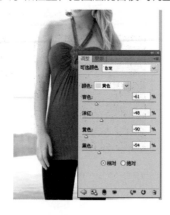 

164 制作儿童艺术照

儿童艺术照与成人的艺术照相比，色彩要更加丰富，素材要更加可爱，要尽量展现儿童的童真。

软件操作

01 执行"文件 > 打开"命令，在弹出的对话框中，选择本书配套光盘中的"第11章\原图\儿童艺术照制作.jpg"文件，单击"打开"按钮打开此素材。

02 打开文件复制图层，用钢笔工具将人物抠出来，选中选区复制到一个新图层（如下图左）。执行"文件 > 打开"命令，在弹出的对话框中，选择本书配套光盘中的"第11章\原图\儿童艺术照制作背景.jpg"文件，单击"打开"按钮打开素材并将素材拖至文件中，单击图层下方的"添加图层蒙版"按钮，使用工具栏中的画笔工具将人物涂抹出来（如下图右）。

摄影技巧

　　拍摄儿童照片的关键在于抓拍。儿童摄影的审美标准与普通的人像摄影不同，儿童之所以可爱，就在于他们的天真烂漫、无邪无伪，因此拍摄儿童贵在真实，真实和自然就是美。儿童的表情千变万化，一眨眼一投足总是天真烂漫，孩子的一个怪脸、一个不寻常的动作，甚至生气、嚎哭、酣睡、狼吞虎咽等，都能成为一幅妙趣横生的作品。因此拍摄儿童照片时，不要故意导演摆布。在拍摄视角上可以与儿童平视，也可以站在高些俯拍，甚至可以躺下仰着拍，富于变化的视角能够增加照片的趣味性，让人百看不厌。

03 执行"文件 > 打开"命令，在弹出的对话框中，选择本书配套光盘中的"第 11 章 \ 原图 \ 儿童艺术照制作素材 1.jpg"文件，单击"打开"按钮打开此素材。执行"滤镜 > 艺术效果 > 海报边缘"命令，在弹出的对话框中，将"边缘厚度"设置为 5，"边缘强度"设置为 3，"海报化"设置为 3（如下图左）。选择工具栏中的魔术棒工具，选择周围的白色背景，按下 Ctrl+I 组合键进行反选（如下图右），再按 Ctrl+C 组合键复制，然后按 Ctrl+V 组合键粘贴在我们的制作文件中。

04 选择工具栏中的圆角矩形工具，并设置"半径"为 50（如下图左），在图中绘制出矢量矩形，按 Ctrl+Enter 组合键建立选区，填充为白色。执行"文件 > 打开"命令，在弹出的对话框中，选择本书配套光盘中的"第 11 章 \ 原图 \ 儿童艺术照制作素材 2.jpg"文件，单击"打开"按钮打开素材并将素材拖至制作文件中，调整大小，位置与刚才画好的矩形框重合。在图层上单击右键，选择"创建剪切蒙版"，调整位置（如下图右）。

摄影技巧

普通的家用数码相机都存在一定的快门时滞，这也为抓拍带来了困难。要提高抓拍成功率，必须对相机的设置做些调整：首先，拍摄时要半按快门状态跟踪孩子移动，遇到精彩瞬间时迅速按下快门；其次，要把 AF 模式设置为"连续 AF"，这样数码相机会跟踪孩子移动自动对焦，可以减少对焦所用的时间。此外，如果相机有光学防抖功能也要打开，在保证画质的前提下尽量提高感光度，这些都能提高拍摄的成功率。

选择拍摄环境：很多优秀的儿童照片都是在户外拍摄的，阳光明媚的户外也是最好的拍摄环境。儿童活泼可爱又好动，把他们放归到儿童的天地和大自然里，让天真烂漫的儿童在无拘无束的环境中嬉戏，他们在镜头前的局促心理就会逐渐消失，这样就可以抓拍到许多美妙的瞬间。

05 选择刚才创建的矩形图层，单击"图层"面板下方的"添加图层样式"按钮，选择"描边"并设置参数（如下图左），然后选择"斜面和浮雕"，设置好参数（如下图右）。

06 选圆角矩形工具，在图中绘制出矩形路径并填充白色，调整角度，将此图层置于漫画图层下（如下图左）。执行"文件 > 打开"命令，在弹出的对话框中，选择本书配套光盘中的"第11章 \ 原图 \ 儿童艺术照制作素材3.jpg"文件，单击"打开"按钮打开素材，将图片拖至文件中进行调整。重复 04 的操作创建剪裁蒙版，调整大小和位置。单击"图层"面板下方的"添加图层样式"按钮，选择"内阴影"并设置参数（如下图右）。

操作技巧

想制作有曲线的路径的文字，要先绘制出我们想要的曲线路径，选择文字工具，放在路径的起点上，等到文字工具中间出现一条斜线时，按下鼠标左键，就可以输入文字了。这样写出来的文字是随着路径的弧度排列的。写完后，按小键盘中的 Enter 键，确认完成文字输入，同时钢笔的路径消失，这时得到的就是我们想要的有弧度的字体排列效果了。

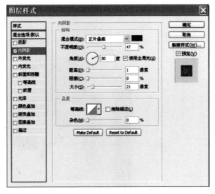

07 选择工具栏中的椭圆选框工具，在两个矩形框之间绘制一个椭圆选区，选择工具栏中的渐变工具并设置好参数（如下图左）。在椭圆选区里拖一条线填充，单击"图层"面板下方的"天际图层样式"按钮，选择"投影"并设置参数（如下图右）。制作完成之后可以按此方法多做几个。

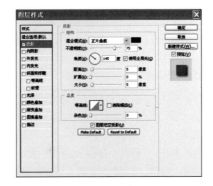

08 使用工具栏中的文字工具写入文字，并选择变形文字进行处理（如下图左）。选择工具栏中的钢笔工具，并沿着人物勾出路径，选择文字工具，在路径的起点按下，写入文字并调整大小和颜色（如下图右）。

165 婚纱照后期制作

大多数人应该都很喜欢制作得很有个性的婚纱照，而不是像以前一样仅仅是有色彩渐变的背景，我们可以依照自己的品味制作婚纱照。

软件操作

01 执行"文件 > 打开"命令，在弹出的对话框中，选择本书配套光盘中的"第11章\原图\婚纱照后期制作.jpg"文件，单击"打开"按钮打开此素材。

02 执行"图像 > 调整 > 曲线"命令，在弹出的对话框中设置参数（如下图左）。执行"图像 > 调整 > 色相/饱和度"命令，在弹出的对话框中设置参数（如下图右）。

操作技巧

本例制作过程中省略了对人物的处理，如果要进行人物处理，主要集中在磨皮、人物的修饰（用液化滤镜）上。

现在婚纱照的后期处理中，一种是处理出很鲜亮的色彩，给人感觉很明快；另一种是处理得很灰暗或者只是一种色调为主，在需要的地方提亮色彩，给人感觉很个性。本例就是用的第一种方法，给人以鲜亮的色彩。

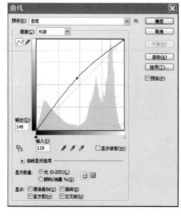

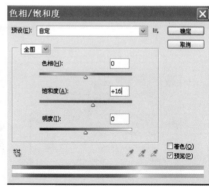

03 复制图层，执行"图像 > 调整 > 去色"命令，打开"通道"面板，选择"蓝色"通道，执行"图像 > 调整 > 色阶"命令，在弹出的对话框中进行调整（如下图左）。回到 RGB 通道，选择"图层"面板，单击面板下方的"添加图层蒙版"按钮，选择工具栏中的画笔工具并将前景色设置为黑色，将画面中人的皮肤涂抹出本来的颜色。然后单击"图层"面板下方的"创建新的填充或调整图层"按钮，选择"色阶"并设置参数（如下图右）。

操作技巧

对于添加到照片中的图案，可以选择自己喜欢又能配搭图片的花纹。要想在众多的婚纱照中体现个性其实很难，因为影楼中体现的个性其实很多都相似。那么我们就只有在后期处理方面下工夫了。

添加图案或者制作图案与文字相结合的方式，配上自己喜欢的爱情句子，这些都是细节的地方，但是往往在细节的地方才能看出设计者的心思。

我们从影楼拿回来的相册中大部分都是铺满底，有时，我们也需要给照片留空，让它有呼吸的空间。留白就是一种很好的方法。

大家可以多从几个方面来考虑如何使自己的婚纱照与众不同。

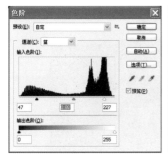
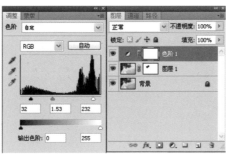

04 执行"图像 > 画布大小"命令，在弹出的对话框中将画布大高度调整至和宽度差不多（如下图左）。执行"文件 > 打开"命令，在弹出的对话框中，选择本书配套光盘中的"第 11 章 \ 原图 \ 婚纱照后期制作素材 .psd"文件，单击"打开"按钮打开素材并将素材拖至制作文件中。调整素材大小和位置，执行"图像 > 调整 > 色阶"命令，在弹出的对话框中设置参数（如下图右）。

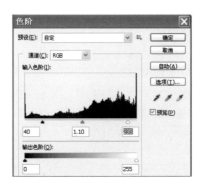

05 用魔术棒选中相框外部，回到图层 1，执行"图像 > 调整 > 去色"命令（如下图左），用工笔工具选中复相框上的心形图案，按 Ctrl+J 复制多个调整位置，将透明度适当减弱（如下图右）。

摄影技巧

有时可以将很普通的物体变得抽象和艺术。注意身边那些可以投下有趣投影或者反射的东西，而不只是物体本身。

166 制作电影海报效果

现在的电影海报都制作得非常精美，有没有想过自己也过一把明星瘾，将自己的照片制作成海报效果呢？下面我们就来学习一下。

摄影技巧

当选用小光圈时，一般都需要较长时间的快门，这时需要相机在整个曝光过程中都能保持平稳。实际上即使可以使用高速快门，使用三脚架一样会有所帮助。如果希望相机在照相时更加平稳，可以考虑使用快门线，或者无线遥控器。

软件操作

01 执行"文件 > 打开"命令，在弹出的对话框中，选择本书配套光盘中的"第11章\原图\制作电影海报效果 1.jpg"文件，单击"打开"按钮打开此素材。

02 新建一个空白图层，用暗紫色进行填充（如下图左）。然后在"图层"面板中将图层的叠加模式设为"正面叠底"（如下图右）。

03 然后执行"滤镜 > 纹理 > 颗粒"命令，为紫色图层添加颗粒（如下图左）。用椭圆选框工具选人物头部周围，执行"选择 > 修改 > 羽化"命令，将羽化值设为 100，按 Delete 键删除选区后让人物面部亮起来（如下图右）。

04 选择工具栏中的加深工具，将紫色图层中的某些部分加深（如下图左）。打开配套光盘中的"第 11 章 \ 原图 \ 制作电影海报效果 2.jpg"文件，将它拖入"制作电影海报效果 1.jpg"中，如下图右所示调整其大小。

摄影技巧

要时刻记住，光圈越小意味着越少的光线会被摄像传感器（或者胶片底片）感应，所以你需要做曝光补偿，如升高 ISO 或者延长快门速度，甚至两者都做。

05 将图层 1 的叠加模式设为"点光"，然后用橡皮擦工具将盖住人物面部图层抹掉（如下图左）。打开配套光盘中的"第 11 章 \ 原图 \ 制作电影海报效果 3.jpg"文件，将它拖入"制作电影海报效果 1.jpg"中，如下图右所示调整其大小和位置即可。

 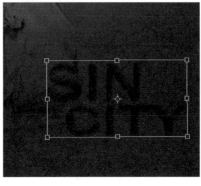

167 增加趣味对话

儿童的照片本来就是非常可爱的，如果为平常的儿童照片加上可爱的文字，儿童的照片将会更加生动。

📷 **摄影技巧**

所有的照片都需要有一定的焦点，风景照片也不例外。实际上风景照片如果没有焦点，画面会显得很空洞，而且看照片的人会因为找不到焦点而无法感知照片想表达什么。

在风景摄影中，焦点可以以很多种形式出现，如建筑物、树枝、一块石头或者岩层、一个轮廓等。

软件操作

01 执行"文件 > 打开"命令，在弹出的对话框中，选择本书配套光盘中的"第11章 \ 原图 \ 增加趣味对话 .jpg"文件，单击"打开"按钮打开此素材。

02 在工具栏中选中自定义形状工具，将形状选为红心形卡（如下图左）。新建一个空白图层，用自定义形状工具拉出一个桃心形状出来（如下图右）。

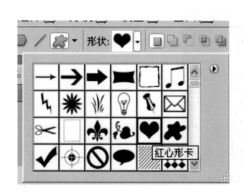

03 按住 Ctrl 键，单击"图层"面板中的形状 1 图层将桃心路径转为选区，隐藏形状 1 图层（如下图左）。新建一个空白图层，用粉红色进行填充（如下图右）。

04 取消选区，选中工具栏中的文字工具，在桃心中随意输入文字（如下图左）。调整文字大小，然后双击"图层"面板中的文字图层，弹出"图层样式"对话框，单击"外发光"，如下图右所示设置外发光。

05 合并文字图层和图层 1，然后按 Ctrl+J 组合键，将此图复制 3 个，随意调整大小和角度（如下图左）。双击"图层"面板中的桃心图层，按下图右所示为此图层添加阴影，最后按此方法为每一个桃心都添加阴影。

 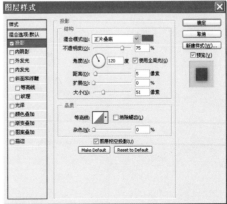

168 制作孪生姐妹效果

此例我们学习用镜像的方法制作孪生姐妹效果。

摄影技巧

很多风光摄影作品都会有大幅的前景或者天空，除非你的照片可以满足其中的任何一条，否则照片就会显得很无聊。

如果你拍摄时恰好天空的景色很乏味，不要让天空部分主宰照片，可以把地平线的位置放在 1/3 以上的地方（前提是应该确认前景很吸引人）。但是如果拍摄时天空中有各种有趣形状的云团和精彩色泽，建议把地平线的位置放低，让天空中的精彩凸显出来。

软件操作

01 执行"文件 > 打开"命令，在弹出的对话框中，选择本书配套光盘中的"第 11 章 \ 原图 \ 制作孪生姐妹效果 .jpg"文件，单击"打开"按钮打开此素材。

02 在工具栏中选中矩形选框工具，然后将人物框选出来，按 Ctrl+J 组合键新建图层（如下图左）。执行"编辑 > 自由变换"命令，在变换框中单击鼠标右键，在弹出的对话框中选择"水平翻转"（如下图右），按 Enter 键确认，最后用移动工具移动至右边即可。

169 制作老电影效果

　　还记得小时候看过的黑白电影吗？那些黑白画面现在已经很难见到了，此例我们就来学习如何制作老电影效果。

软件操作

01 执行"文件 > 打开"命令，在弹出的对话框中，选择本书配套光盘中的"第11章\原图\制作老电影效果.jpg"文件，单击"打开"按钮打开此素材。

02 执行"图像 > 调整 > 去色"命令，将原图转换为黑白。然后新建一个空白图层，用灰色进行填充。执行"滤镜 > 纹理 > 颗粒"命令，将颗粒类型选为"垂直"（如下图左）。单击"确定"按钮。然后将此图层的叠加模式设为"叠加"，最后选择工具栏中的橡皮擦工具，将"不透明度"设为40%，抹掉一些纹理以便使效果变得自然即可（如下图右）。

摄影技巧

　　当拍摄风景照时，一个应该问自己的问题是：我的照片怎样才能引人注目？其实有很多种方法，但是最好的方法之一，就是使用线条将看照片人的注意力带入图片。

　　线条可以使一张图片加深景深和层次，而且可以使所造成的图案成为吸引人的兴趣点。

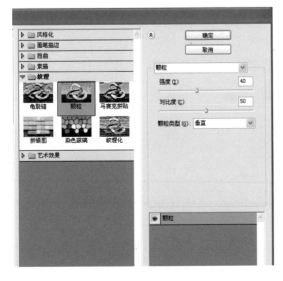

170 制作户外广告牌效果

　　大街上的户外广告牌上一般都会出现很多明星的照片，是不是很羡慕？有没有想过自己的照片也能上户外广告牌？此例我们就来学习如何制作户外广告牌效果。

摄影技巧

　　捕捉动态画面，一般意味着你需要使用慢快门（有时需要几秒钟）。当然，这也意味着更多的光线会作用于感应器上，而你则需要使用小光圈或者滤镜，甚至在黎明或黄昏这种光线较弱的时候拍摄。

软件操作

01 执行"文件 > 打开"命令，在弹出的对话框中，选择本书配套光盘中的"第 11 章 \ 原图 \ 制作户外广告牌效果 1.jpg、制作户外广告牌效果 2.jpg"文件，单击"打开"按钮打开素材。

02 将"制作户外广告牌效果 2.jpg"图案拖入"制作户外广告牌效果 1.jpg"中，执行"编辑 > 自由变换"命令，调整大小及透视角度（如下图左）。双击人像层，在弹出的"图层样式"对话框中选择"内阴影"，将大小设为 24（如下图中）。单击"图层"面板下方的"添加图层蒙版"按钮，前景色设为黑色，在蒙版上涂抹，使本应在人物上方的路灯显示出来。如果抹过了，可以将前景色设为白色来涂抹而恢复图层（如下图右）。

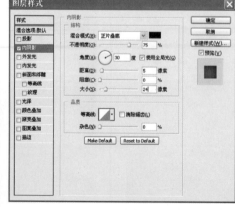

第 12 章
DIY 个性制作

　　大多数人都喜欢在网上展现自己个性另类的一面，所以我们能看到很多人的空间里有制作精美的图片。本章我们将学习一些个性的 DIY 制作，尝试更多制作图片的不同效果的技巧。

171 打造撕边效果

　　有没有想过制作一些特殊效果呢？比如人物破纸而出，这就是本例介绍的撕边效果，那么开始我们的撕边之旅吧！

操作技巧

　　使用多边形套索工具的时候，如果勾错路径，可以直接按 Delete 键删除刚才绘制的节点。

软件操作

01 新建一个 16cm×10cm 的文件，新建一个图层，用矩形选框工具画出长方形，将前景色设为黑色，按下 Alt+Delete 组合键进行填充。单击"图层"面板底部的"添加图层样式"按钮，选择"投影"选项，在弹出的对话框中调整参数（如下图左）。选择工具栏中的多边形套索工具，勾画出选区，按 Delete 键删除（如下图右）。

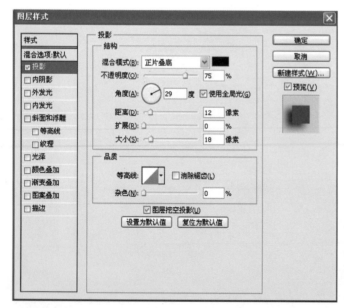

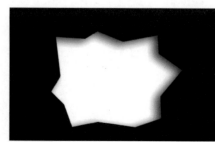

02 执行"文件 > 打开"命令,在弹出的对话框中,选择本书配套光盘中的"第 12 章 \ 原图 \ 打造撕边效果 1.jpg"文件,单击"打开"按钮打开此素材。将素材拖入文件中,按图层的大小切割好,单击"图层"面板填充颜色层的小图,按下 Ctrl+Shift+I 组合键进行反选,在按下 Delete 键删除选区(如下图左)。新建一个图层,在缺口边缘用钢笔工具勾画出撕边效果,按下 Ctrl+Enter 组合键建立选区,填充好颜色(如下图右)。

📷 摄影技巧

摄影是一门对技术要求很高的艺术,一幅照片要有清晰的影像、准确的曝光、良好的色彩还原。能否掌握这种技能是衡量一个人是不是有摄影师潜质的基本要求。

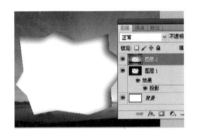 

03 选择工具栏中的钢笔工具,调整参数和不透明度,在撕出的边上画出裂痕(如下图左)。合并我们画出的撕边图层,单击"图层"面板底部的"添加图层样式"按钮,选择"投影"选项,在弹出的对话框中调整参数(如下图右)。

 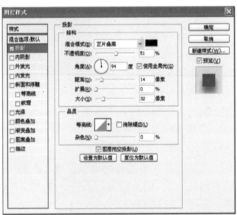

04 单击"图层"面板合并撕边层的小图,可以看到撕边的选区,选择工具栏中的加深工具,调整"曝光度"对撕边的内边缘进行涂抹,制作出立体效果(如下图左)。执行"文件 > 打开"命令,在弹出的对话框中,选择本书配套光盘中的"第 12 章 \ 原图 \ 打造撕边效果 2.jpg"文件,单击"打开"按钮打开此素材。将素材拖入文件中,置于背景素材下方,调整大小并剪裁掉多余的地方(如下图右)。

💡 操作技巧

绘制撕出的边缘时要注意边缘的转折度,可以自由发挥想象力去绘制。用钢笔工具勾出转折点的裂痕,可以制作出更加真实的效果。

每一块撕边效果都是一个新建的图层,这样便于每一层阴影效果的调整,因为光源关系,每个撕边效果层都有不同的投影效果。

使用加深工具是为了制造出撕边后纸张的立体感,同时在撕出的纸张上进行加深和涂抹,能使纸张的感觉更真实。

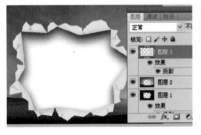 

172 制作水珠边缘效果

我们处理照片边缘的方式有很多种，本例介绍的是一种水珠边缘效果的制作。

摄影技巧

摄影作为一门艺术，要求摄影者在艺术创造上有较强的意识，有较高的美学、哲学和自然科学、人文科学等方面的知识，有强烈的创作欲望，力求创新，突破视觉规律，创作出有摄影者特定风格的作品。

软件操作

01 执行"文件 > 打开"命令，在弹出的对话框中，选择本书配套光盘中的"第12章 \ 原图 \ 制作水珠边缘效果 .jpg"文件，单击"打开"按钮打开此素材。

02 选择工具栏中的椭圆选框工具，在图中画出椭圆形选区（如下图左）。按 Ctrl+Shift+I 组合键进行反选，单击工具栏底部的"以快速蒙版模式编辑"按钮（如下图右）。

03 执行"滤镜 > 像素化 > 彩色半调"命令，在弹出的对话框中，将"最大半径"设置为 100（如下图左），单击工具栏底部的"以标准模式编辑"按钮，得到选区（如下图右）。

04 新建一个图层，将前景色设置为白色，按 Alt+Delete 组合键将选区填充为白色（如下图左）。按 Ctrl+Shift+I 组合键进行反选，回到背景图层，按 Ctrl+C 组合键复制人物。新建一个图层，按 Ctrl+V 组合键粘贴，单击"图层"面板下方的"添加图层样式"按钮选项，选择"描边"选项，在弹出的对话框中调整参数（如下图右）。

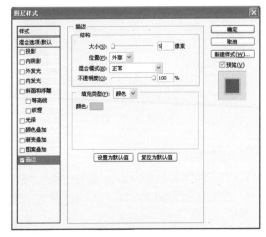

05 选择白色背景图层（即图层1），将"样式"面板弹开，选择"蓝色玻璃"选项（如下图左）。将图层2置于图层1上方，添加文字，单击状态条上的"创建文字变形"按钮，在弹出的对话框中调整变形的样式和大小（如下图右），为画面添加自己喜欢的文字或者花纹。

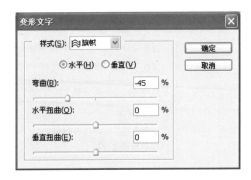

> 🐾 **操作技巧**
>
> 在样式版面中有很多选项可以运用，这样调整出来的效果更加多变。读者可以尝试运用各种选项制作效果，制作出来的画面会更加生动和多样。

173 制作"非主流"相框

本例我们来学习利用 Photoshop 制作自己的"非主流"个性相框。

操作技巧

"非主流"相框的制作可以随着自己的爱好来进行,读者可以试着制作更多纷繁复杂的效果来突出照片的美感。本例中用到的抽线效果是将前面很多效果进行综合操作,得到的画面效果将更加个性。

软件操作

01 执行"文件 > 打开"命令,在弹出的对话框中,选择本书配套光盘中的"第 12 章 \ 原图 \ 制作'非主流'相框 .jpg"文件,单击"打开"按钮打开此素材。

02 按 Ctrl+J 组合键复制一层,执行"图像 > 调整 > 去色"命令,执行"滤镜 > 模糊 > 高斯模糊"命令,在弹出的对话框中,将"半径"设置为 3(如下图左)。执行"图像 > 调整 > 色彩平衡"命令,在弹出的对话框中设置参数(如下图右)。

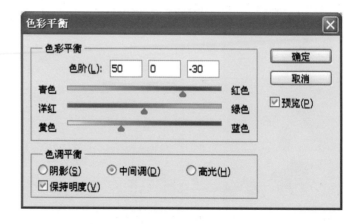

03 新建一个 40 像素 ×20 像素的文件，选择工具栏中的矩形选框工具，将上半部选取并填充为白色（如下图左），执行"编辑 > 定义图案"命令，设定"定义图案"（如下图右）。

 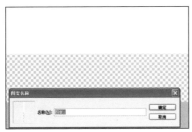

04 回到制作文件，单击"图层"面板下方的"创建新的填充或调整图层"按钮，选择"图案"选项，在弹出的对话框中，将"图层"面板上的"缩放"调整为 50%（如下图左），并将"图层"面板上的"填充"设置为50%。复制背景图层并将其移动到最上面，新建一个图层，用矩形选框工具绘制一个大小适度的矩形填充颜色，再用矩形选框工具绘制一个略小的矩形（如下图右）。回到刚才复制的背景图层，按 Ctrl+C 组合键复制，在最上面新建一个图层，按 Ctrl+V 组合键粘贴并隐藏背景副本图层。

05 合并刚才制作的两个图层，按 Ctrl+J 组合键复制一层，调整好角度，执行"图像 > 调整 > 色相 / 饱和度"命令，在弹出的对话框中设置好参数（如下图左）。照此方法复制几次并调整好颜色（如下图右），添加好文字。

摄影技巧

相纸曝光法是在制作照片时选择适合的曝光量，是产生一张优质照片的关键。在正确曝光范围内稍过或稍不足能调节照片的影调反差，根据相纸特性曲线的性能和底片密度、密度差来确定曝光量。密度差大的底片，如果按高密度部位曝光，那么中、低部位的曝光量会偏过，显影时间要相对缩短，否则中、低密度部位影调显得偏深。

174 制作乘纸鹤飞翔效果

此例我们学习如何利用 Photoshop 将自己的照片制作为乘纸鹤飞翔的童话般效果。

操作技巧

按 Ctrl+] 组合键可以将图层移上一层，按 Ctrl+[组合键可以将图层移下一层，按 Ctrl+Shift+] 组合键可以将图层移至最上层，按 Ctrl+Shift+[组合键可以将图层移至最下层。

软件操作

01 执行"文件 > 打开"命令，在弹出的对话框中，选择本书配套光盘中的"第 12 章 \ 原图 \ 乘纸鹤飞翔效果 1.jpg、乘纸鹤飞翔效果 2.jpg、乘纸鹤飞翔效果 3.jpg"文件，单击"打开"按钮打开素材。

02 使用移动工具将"乘纸鹤飞翔效果 1.jpg、乘纸鹤飞翔效果 2.jpg"拖入"乘纸鹤飞翔效果 3.jpg"中（如下图左）。在"图层"面板中，将人物图层拖至纸鹤图层的上方（如下图右）。

03 使用移动工具调整人物的位置，使之看起来像是坐在纸鹤上（如下图左），同时选中人物图层和纸鹤图层，执行"编辑 > 自由变换"命令调整人物和纸鹤的大小使之看起来更合理（如下图右）。

04 按住 Ctrl 键，单击人物图层建立人物轮廓选区然后新建一个图层，并用黑色填充选区（如下图左）；调整此图层至人物图层下方，再使用移动工具调整此图层的位置（如下图右）。

05 执行"滤镜 > 模糊 > 高斯模糊"命令，将半径设为 60，单击"确定"按钮（如下图左），按住 Ctrl 键单击纸鹤图层，然后为刚才新建的黑色人物添加图层蒙版，最后将此图层的透明度设为 60%（如下图右），即可完成操作。

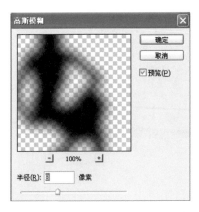 

> **操作技巧**
>
> 　　按住 Ctrl 键，单击图层面板可以将图层中的元素转换为选区；按住 Ctrl+Shift 键可以添加选区，按住 Ctrl+ Alt 键可以减去选区，按住 Ctrl+Shift+Alt 键可以叠加选区。

175 制作水晶球中的精灵

我们都见过电视上的魔幻世界，有没有想过自己来制作出水晶球中的精灵呢？下面我们就来学习。

操作技巧

制作水晶球时，重要的是要注意到球中画面的变化，一般来说，球中画面就像制作放大镜效果一样，要凸显放大，颜色也会有变化。球体边缘时变形的背景，使球体的感觉会更加的明显，也能使画面中水晶球更加立体。

软件操作

01 执行"文件 > 打开"命令，在弹出的对话框中，选择本书配套光盘中的"第12章 \ 原图 \ 水晶球中的精灵 2.jpg"文件，单击"打开"按钮打开此素材。

02 选择工具栏中的椭圆选框工具，将"羽化"设置为1px，按住 Shift 键在图中画出一个正圆，按两次 Ctrl+J 组合键复制两个圆形（如下图左）。关闭"图层1副本"，选择"图层1"单击图层1前面的预览图得到选区，执行"滤镜 > 扭曲 > 球面化"命令，在弹出的对话框中，将"数量"设置为100（如下图右），按 Ctrl+F 组合键再执行一次命令。

03 单击"图层1副本",执行"滤镜 > 扭曲 > 旋转扭曲"命令,在弹出的对话框中,将"角度"设置为999(如下图左)。执行"选择 > 修改 > 收缩"命令,在弹出的对话框中,将"收缩"设置为15(如下图右)。按Shift+F6组合键进行选区羽化,在弹出的对话框中将"羽化半径"设置为10,再按Delete键将选区中的内容删除。

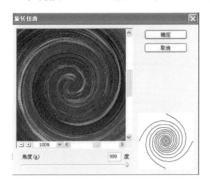

04 执行"图像 > 调整 > 曲线"命令,在弹出的对话框中调整参数(如下图左)。选择工具栏中的橡皮擦工具,将"画笔大小"设置为40,"不透明度"设置为20,沿着球体边缘涂抹,让球体边缘变得柔和(如下图右)。

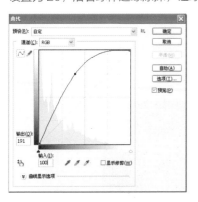

05 执行"文件 > 打开"命令,在弹出的对话框中,选择本书配套光盘中的"第12章 \ 原图 \ 水晶球中的精灵1.jpg"文件,单击"打开"按钮打开此素材。选择工具栏中的椭圆选框工具,将"羽化"设置为10px,按住Shift键选取精灵并将其拖动到制作文件中,调整大小(如下图左)。将图层2的"不透明度"设置为70%,单击"图层"面板下方的"添加矢量蒙版"按钮(如下图中)。选择橡皮擦工具,修整精灵图片,使其和水晶球能融合一些(如下图右)。

摄影技巧

根据拍摄者的创作意图,若只考虑高密度部位的影纹层次,不顾低密度部位的影纹层次,则照片高密度部位的影纹层次丰富,低密度部位由于曝光偏过而黑度较大,照片影调显得凝重深沉。或只考虑低密度部位的影纹层次时,由于高密度部位曝光欠缺,照片上的影调明亮光洁,显得淡雅明快,表现出一定的创作意境。

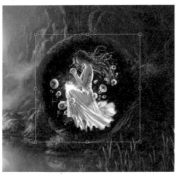

06 新建一个图层，选择工具栏中的椭圆选框工具，将"羽化"设置为3px。在水晶球左上角画出椭圆选区，选取工具栏中的渐变工具，设置为从白色渐变到透明（如下图左）。在图中选区处为水晶球加上高光，按下Ctrl+T组合键调整位置。新建一个图层，选择工具栏中的画笔工具，按F5键打开"画笔预设"对话框，选择画笔笔尖形状选项，设置好"直径"和"间距"（如下图右），不断调整大小，并在画面中画出星光。

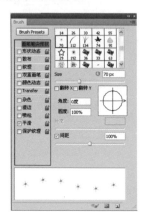

07 新建一个图层，选择"蝴蝶"笔刷，将"不透明度"设置为50%，调整"直径"、"角度"、"圆度"和"间距"（如下图左），调整大小和圆度，在画面中画出四面纷飞的蝴蝶。选择工具栏中的橡皮擦工具，为蝴蝶制作出层次感（如下图右）。

08 选择图层2，执行"图像 > 调整 > 色阶"命令，在弹出的对话框中设置参数（如下图左），让人物透明感增强。选择图层1，执行"图像 > 调整 > 色阶"命令，在弹出的对话框中设置参数（如下图右）。再选择工具栏中的橡皮擦工具，在水晶球中间进行涂抹，加强水晶球的立体感。

操作技巧

在"画笔预设"对话框中，可以随心所欲地调整出画笔的涂抹效果和感觉，通过本例的学习，读者应该更能对画笔预设中的选项设置得心应手。

在制作"星光"和"蝴蝶"效果时，调整画笔的"不透明度"和大小可增加画面的层次感，效果没有那么明显不要紧，我们可使用橡皮擦工具解决这个问题，擦出画面中蝴蝶的层次感。

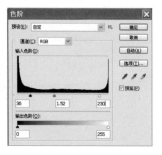
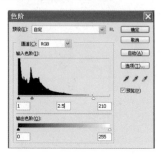

176 制作玉石人物效果

在玉石中添加进自己的照片是什么效果呢？本例将介绍利用 Photoshop 制作玉石中的人物的效果。

软件操作

01 新建一个 16cm×12cm 的文件，将背景填充为淡黄色。新建一个图层，选择工具栏中的钢笔工具，绘制玉石形状，按 Ctrl+Enter 组合键建立选区并填充为绿色（如下图左）。新建一个图层，选择工具栏中的画笔工具，将前景色设置为黑色，涂抹出玉石的暗部（如下图右）。

02 按 Ctrl+Alt+G 组合键创建裁剪蒙版，将图层混合模式改为"线性加深"、"不透明度"设置为 70%（如下图左）。新建一个图层，将前景色设置为白色，选择工具栏中的画笔工具，在状态栏上将"不透明度"设置为 15%，"流量"设置为 80%，涂抹玉石亮部。完成后按 Ctrl+Alt+G 组合键，并将图层混合模式改为"叠加"（如下图右）。

 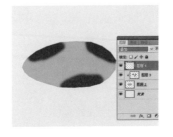

> **操作技巧**
>
> 玉石纹理的制作是本例的重点，我们可以使用"云层"滤镜效果。
>
> 使用"云层"滤镜之后，执行"色彩选择"命令，选出云层中的灰度，建立选区，新建图层填充为深绿色，然后将背景图层制作出由浅绿色渐变到白色的效果，这时我们的玉石纹理效果就出现了。这是制造玉石效果的另一种方法。

03 新建一个图层，将前景色设置为黑色，选择工具栏中的画笔工具涂抹暗部，按 Ctrl+Alt+G 组合键，将图层混合模式改为"叠加"。新建一个图层，将前景色分别设置为黑色和白色，执行"滤镜 > 渲染 > 云彩"命令，将图层混合模式改为"叠加"（如下图左）。单击"图层"面板下方的"添加矢量蒙版"按钮，选择画笔工具并将情景色设置为黑色，在画面中将玉石以外多余的部分涂抹掉（如下图右）。

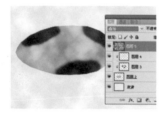 

04 隐藏背景图层，Ctrl+Shift+Alt+E 组合键得到玉石合并图层，单击"图层"面板下方的"添加图层样式"按钮，打开"图层样式"混合选项，调整"投影"、"内阴影"、"斜面和浮雕"、"光泽"选项的参数（如下图）。

 摄影技巧

如果你的闪光灯可以反射闪光，把闪光灯对着较低的白房顶或附近的白墙壁闪光，这样光效果通常会更加柔和。

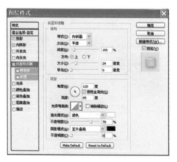 

05 执行"文件 > 打开"命令，在弹出的对话框中，选择本书配套光盘中的"第 12 章 \ 原图 \ 玉石人物效果 .jpg"文件，单击"打开"按钮打开此素材。将图层混合模式改为"正片叠底"，单击图层下方的"添加矢量蒙版"按钮，选择工具栏中的画笔工具，将前景色设置为黑色，将人物的多余部分涂抹掉（如下图左）。选择图层 6，选择橡皮擦工具涂抹玉石下部。再选择图层 1，涂抹玉石下部，制作出反光的效果（如下图右）。

177 制作墨滴中的人物

前面介绍了如何将人物添加到玉石中，本例我们来学习将人物填进墨滴中，制作出古香古色的味道。

软件操作

01 新建一个 14cm×10cm 的文件，新建一个图层，选择工具栏中的画笔工具，按 F5 键打开"画笔预设"面板，设置好"画笔笔尖形状"、"双重画笔"的参数，勾选"平滑"，双击"双重画笔"选项，再设置参数。具体设置如下图所示。

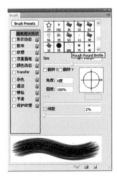 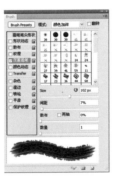  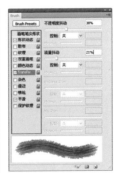

02 调整好笔触大小，在画面中绘制出墨滴（如下图左）。按 Ctrl+T 组合键复制图层，执行"滤镜 > 模糊 > 高斯模糊"命令，在弹出的对话框中，将"半径"设置为 5（如下图右）。合并两个图层，并将"不透明度"设置为 50%。

🐾 **操作技巧**

本例的重点在于制作墨滴感觉，我们先制作出了浅灰色的墨滴，再在其上添加黑色的墨滴，这样画面中墨滴入纸张中的浸染感就跃然纸上了。

03 新建一个图层，选择工具栏中的画笔工具在图中绘制出中心墨滴（如下图左）。用魔术棒工具选择选区，执行"选择 > 修改 > 收缩"命令，在弹出的对话框中，将"收缩量"设置为3，然后按 Shift+F6 组合键进行羽化，在弹出的对话框中，将"羽化半径"设置为15。按 Ctrl+Shift+I 组合键反选选区，再按 Delete 键进行删除，单击"图层"面板下方的"创建新的填充或调整图层"按钮，选择"色阶"选项，在弹出的对话框中设置参数（如下图右），合并墨滴图层。

04 选择背景图层，执行"图像 > 调整 > 色相 / 饱和度"命令，在弹出的对话框中设置参数（如下图左）。执行"滤镜 > 素描 > 水彩画纸"命令，在弹出的对话框中设置参数（如下图右）。

05 执行"图像 > 调整 > 色阶"命令，在弹出的对话框中设置参数（如下图左）。执行"文件 > 打开"命令，在弹出的对话框中，选择本书配套光盘中的"第12章 \ 原图 \ 墨滴中的人物 .jpg"文件，单击"打开"按钮打开此素材。将人物拖入墨滴中并调整到合适大小，单击"图层"面板下方的"添加矢量蒙版"按钮。选择工具栏中的画笔工具，将前景色设置为黑色涂抹掉人物周围的多余背景（如下图右）。复制图层，执行"滤镜 > 模糊 > 高斯模糊"命令，在弹出的对话框中，将"半径"设置为1。

摄影技巧

将相机设定快门速度优先或手动方式，用相对较慢的快门速度（如 1/15s）拍摄，就会发现在主体后背景的大量细节。细节不但可以给画面添加色彩，还会留下拍摄地点的一些信息。如果用的是小型照相机，可以通过设定为"夜景模式"实现慢速快门。

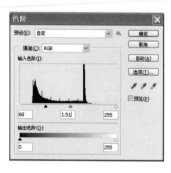 

178 制作纹理创意图片

本例将运用 Photoshop 的不同叠加效果来实现人物图片的创意制作，通过本例你会发现平凡的画面叠加不同图层的效果会出现不同的感觉。

软件操作

01 执行"文件 > 打开"命令，在弹出的对话框中，选择本书配套光盘中的"第 12 章 \ 原图 \ 纹理创意图片 .jpg"文件，单击"打开"按钮打开此素材。

02 复制背景图层，执行"文件 > 打开"命令，在弹出的对话框中，选择本书配套光盘中的"第 12 章 \ 原图 \ 纹理创意图片素材 1.jpg"文件，单击"打开"按钮打开此素材。将图片拖动到文件中，调整大小使其覆盖人物脸部，将图层混合模式改为"强光"（如下图左）。执行"图像 > 调整 > 色阶"命令，在弹出的对话框中设置参数（如下图右）。

摄影技巧

对着反光的背景摄影会产生散光，进而会影响到 TTL 测光，使得曝光不足，所以应尽量避免主体出现在镜子前、窗户前或镶玻璃的镜框前时拍摄。如无法避免，就把闪光灯转一个角度，以避免反射光直接进入镜头。

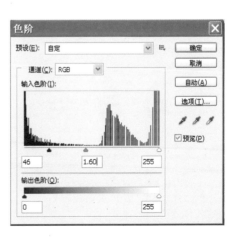

03 执行"文件 > 打开"命令，在弹出的对话框中，选择本书配套光盘中的"第12章 \ 原图 \ 纹理创意图片素材 2.jpg"文件，单击"打开"按钮打开此素材。将图片拖动到文件中，调整大小和位置，将图层混合模式改为"滤色"（如下图左）。选择橡皮擦工具用适合大小和不透明度照上面处理云层的方法涂抹掉多余的部分（如下图右）。

04 执行"文件 > 打开"命令，在弹出的对话框中，选择本书配套光盘中的"第12章 \ 原图 \ 纹理创意图片素材 3.jpg"文件，单击"打开"按钮打开此素材。拖动到文件中，调整大小和位置，将图层混合模式改为"点光"（如下图左），选择橡皮擦工具，调整适当的大小和不透明度涂抹掉多余的部分（如下图右）。

📷 摄影技巧

正确曝光的诀窍：

（1）在测取读数之前，首先看一看自己是否能正确估计曝光。

（2）平时注意节省电池。如果发现测光表失灵且忘了带电池，可把快门速度调为胶片感光度 ISO 值的倒数。如胶片是 ISO100/21，就把快门速度调在 1/100s 上，在晴天拍照，翻转片用 F16，负片用 F11。

（3）烛光会影响测光表，应适当地给镜头遮光。

（4）可以试着把远射镜头作为点式测光表使用。

（5）测光表在暗弱的光线下不能显示读数时，可以转动胶片感光度指数盘，把 ISO 指数提高，直到测光表显示出读数。然后增加曝光值，如开大光圈，感光度 ISO 值每提高一倍，光圈要开大一级。

（6）使用广角镜头拍摄时，需先用标准镜头测光，然后再换上广角镜头拍摄。

（7）在昏暗的光线下使用反转片时，应当设置曝光不足半挡至一挡，以便保持色彩饱和。

05 复制图层 1，调整大小至刚好覆盖图片，双击图层 1 副本，弹出图层样式对话框，选择投影设置数值（如下图左）。最后选择橡皮擦工具，调整适当的大小和不透明度涂抹掉多余的部分（如下图右）。把透明度设置为 40%。

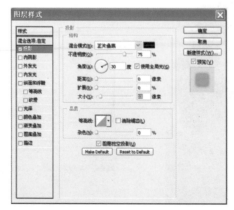 

179 制作流失效果

看过很多有着流失效果的图片吧，有没有想过自己也能做出来呢？本例将介绍利用 Photoshop 制作流失的人物，让你也过一把魔术瘾。

软件操作

01 执行"文件 > 打开"命令，在弹出的对话框中，选择本书配套光盘中的"第 12 章\原图\短流失效果—人物.jpg"文件，单击"打开"按钮打开此素材。

02 选择工具栏中的钢笔工具，将人物从画中抠出来，按 Ctrl+Enter 组合键建立选区，再按 Ctrl+J 组合键复制人物。隐藏背景图层，复制人物层，隐藏人物原图层，单击"图层"面板下方的"添加矢量蒙版"按钮，勾出人物右半边并填充为黑色（如下图左）。新建一个 2cm×2cm，背景内容为"透明"的文件，用钢笔工具绘制出雨滴形状，并填充为黑色。执行"编辑 > 定义画笔预设"命令，在弹出的对话框中，将"名称"设置为"雨滴"（如下图右）。

操作技巧

制作流失感觉的重点在于画笔的设置，本例充分运用蒙版和画笔来制作缓慢流失感。要注意，在制作此类效果时，完整一边和流失一边的结合要柔和一些，这样制作出来的效果才更加生动和精细。在流失效果的制作中，临近完整人物的一边要密集一些，远离人物的一边要疏散一些。

 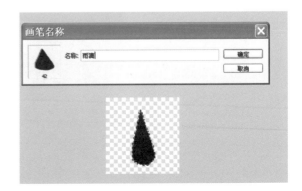

03 回到制作文件，选择工具栏中的画笔工具，按 F5 键打开"画笔预设"对话框，设置"画笔笔尖形状"、"形状动态"和"散布"等参数（如下图）。

04 将背景色设置为黑色，将画笔的"不透明度"设置为 90%，调整好后用画笔工具在人物蒙版中画（如下图左）。选择图层 1，复制并置于顶部，将人物进行横向拉伸，单击"图层"面板下方的"添加矢量蒙版"按钮（如下图右），填充为黑色。

05 用画笔工具涂抹出人物右边的碎片，执行"文件 > 打开"命令，在弹出的对话框中，选择本书配套光盘中的"第 12 章 \ 原图 \ 流失效果—城堡 .jpg"文件，单击"打开"按钮打开此素材并拖入文件中。调整大小置于人物图层下方（如下图左）。执行"滤镜 > 渲染 > 镜头光晕"命令，在弹出的对话框中设置参数（如下图右），再整体调整流失感。

操作技巧

将人物横向拉伸，主要是为了让人物的流失粒更加疏散一些，在背景图层制作镜头光晕效果能增加画面的神秘感。大家可以充分发挥自己的想象力制作此类图片，营造出不同的流失效果。

180 制作环绕人物的星光效果

想过自己周围环绕星光么？本例将介绍利用 Photoshop 为人物周围打造出星光效果。

软件操作

01 执行"文件 > 打开"命令，在弹出的对话框中，选择本书配套光盘中的"第 12 章 \ 原图 \ 环绕人物的星光效果 .jpg"文件，单击"打开"按钮打开此素材。

02 复制背景层，将图层混合模式改为"滤色"，合并可见图层。按 Ctrl+J 组合键复制图层，执行"滤镜 > 模糊 > 高斯模糊"命令，在弹出的对话框中，将"半径"设置为 5（如下图左），将图层混合模式改为"叠加"。选择工具栏中的钢笔工具，将人物衣服部分勾出来，按 Ctrl+Enter 组合键建立选区，新建一个图层，执行"滤镜 > 渲染 > 云彩"命令，再执行"滤镜 > 艺术效果 > 塑料包装"命令，在弹出的对话框中设置参数（如下图右）。

> **操作技巧**
>
> 我们使用"云层"和"塑料包装"滤镜都是为了下一步让衣服的纹理突出及变亮做好准备，这样出来的画面效果会更加自然和真实一些。

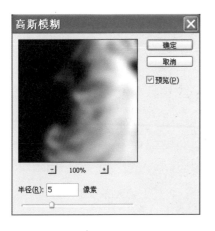

03 选择工具栏中的橡皮擦工具擦出衣服的边缘。选择工具栏中的钢笔工具，在画面中绘制出星光的路径（如下图左）。将前景色设为白色，背景色设为黑色，按F5键打开"画笔预设"对话框调整参数（如下图右）。

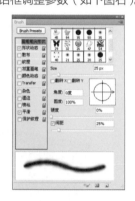

📷 摄影技巧

阴天时，室外的光线是非常柔和的散射光，利用这种光线拍摄人像，能取得很好的效果。运用一块手持光板还可以进一步改善光线效果，即用反光板来增加眼睛部位的光线，减轻下巴下面的阴影，从而拍出更为漂亮的人像。

使用这种光线拍摄人像的真正难处在于要把被摄者的姿势和位置安排得能让散射光和反射光尽量照亮脸部，同时又要使背景部分没有任何障碍物。

具体过程如下：选择一个开阔的地方，不要让障碍物挡住自然的散光；让被摄者转动，这样便可以观察他脸上的光线效果，以便找到一个得到最大限度散射光的位置，这种光线能柔化脸部的皱纹和缺陷；教会被摄者自己如何拿好反光板，以便把光线反射到下巴、脖子和眼睛。如果被摄者带着帽子，为防止帽檐在脸部产生阴影，应设法让他的头做些倾斜，并调整反光板，直到几乎看不出阴影为止。此时，可测定曝光量，被摄者每做一种新的姿势，都需要测定曝光量。如果用的是彩色胶卷，可变换曝光量拍摄，仔细检查背景，并在按动快门之前，对景物效果有所预计，尽量使背景部位完全处于焦点之外，以免在照片上因清晰的背景而分散注意力。

04 新建一个图层，打开"路径"面板，右键单击路径，选择"描边路径"，在弹出的对话框中勾选"模拟压力"。再按F5键，在画笔预设中勾选"散布"，并设置参数（如下图左），重复描边路径操作，删除路径。单击"图层"面板下方的"添加图层样式"按钮，选择"外发光"选择，在弹出的对话框中设置各参数（如下图右）。

05 选择工具栏中的橡皮擦工具擦除不需要的部分（如下图左），复制图层，执行"图像 > 调整 > 反相"命令（如下图右），完成后将图层混合模式改为"叠加"。

💡 操作技巧

在设置星光的"外发光"样式参数时，可以再设置大一些，这样营造出来的光圈效果会更加明显。本例中制作星光的笔触及外发光效果都可视个人喜好和画面要求而定。

181 制作幻彩天空

蓝天白云的照片看烦了吗？本例中，我们将利用 Photoshop 为普通的天空加上幻彩效果。

软件操作

01 执行"文件 > 打开"命令，在弹出的对话框中，选择本书配套光盘中的
"第 12 章 \ 原图 \ 幻彩天空 1.jpg、幻彩天空 2.jpg"文件，单击"打开"按
钮打开素材。

02 选择移动工具，把"幻彩天空 2.jpg"拖放到"幻彩天空 1.jpg"中
（如下图）。

摄影技巧

拍摄集体照片时一定要注意尽量使所有的主体离照相机的距离基本相同，以防止有的主体在景深之外。同时，如果主光是闪光灯，可以使所有的主体均匀照明。

03 执行"编辑 > 自由变换"命令（如下图左），把"幻彩天空 2.jpg"覆盖在"幻彩天空 1.jpg"文件上，如下图右所示。

04 选择图层 1，执行"图像 > 调整 > 去色"命令（如下图左），在"图层"面板中，将图层 1 变为黑白图。在"图层"面板中，将图层 1 的叠加模式改为"柔光"（如下图右）。

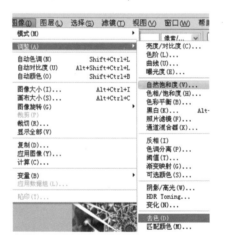 

05 双击图层 1，弹出"图层样式"对话框，选择"渐变叠加"，然后将"渐变模式"设为"蓝、灰、黄渐变"（如下图左），最后将"混合模式"设为"亮光"。

摄影技巧

通过使用大光圈（用相机的光圈优先模式），可以把杂乱的背景排除在景深之外，从而最大限度减小其他吸引力。注意，光圈不要太大，否则主体的一部分可能会虚。

182　制作燃烧效果

本例将介绍利用 Photoshop 为照片添加燃烧的火焰效果。

软件操作

01 执行"文件 > 打开"命令，在弹出的对话框中，选择本书配套光盘中的"第 12 章 \ 原图 \ 制作燃烧效果 .jpg"文件，单击"打开"按钮打开此素材。

02 用魔术棒工具将空白部分选中，然后执行"选择 > 反向"命令，将狮子部分选中（如下图左）。按 Ctrl+Enter 组合键，新建一个图层，执行"编辑 > 自由变换"命令，按住 Shift 键，将狮子顺时针选择 90°（如下图右）。

> **摄影技巧**
> 一位著名的摄影家曾说过，如果你拍的照片不够好，那是因为你距离不够近。我们同样喜欢一句名言：一定要等到你能看清对方的眼白时才开枪。

03 执行"滤镜 > 风格化 > 风"命令（如下图右），在弹出的对话框中将方法设为"大风"，方向设为"从左"，单击"确定"按钮（如下图右）。

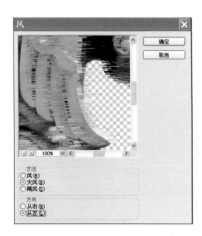

04 重复按两次 Ctrl+F 组合键，将"风"滤镜执行两次，加强风的效果（如下图左）。执行"编辑 > 自由变换"命令，按住 Shift 键，将狮子逆时针旋转 90°（如下图右）。

摄影技巧

拍摄侧面人像对被摄者具有强烈的吸引力，这是因为人们一般不大有机会从这种角度端详自己的形象。美国摄影家 M·查理德认为，要拍好侧面人像照，除了要求被摄者姿势摆得好外，还得运用特殊的美感，并具有力量的神韵和深邃的空间感。

首先应使被摄者侧肩膀与透视镜光轴成 45°角，不能与透视镜光轴平行，并使他坐得高一点，使鼻子与透光轴垂直。在拍摄男子像时，查理德喜欢让他们的下巴低一些，头部略向背景幕；但女子侧面像的头部无论向哪个方向——上仰或下俯、左侧或右侧，效果都很好。眼睛的方向也很重要，被摄者的眼睛瞳孔最好与透视光轴垂直，头稍仰时往上看，低头时则往下看。

05 执行"图像 > 调整 > 色相/饱和度"命令，调整色相饱和度（如下图左），将混合模式设为"亮光"。执行"滤镜 > 扭曲 > 水波"命令（如下图右），为火焰层增加扭曲效果，最后将火焰图层的叠加模式设为"强光"。

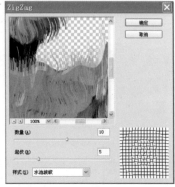

183 制作冲破纸效果

本例中将介绍如何利用 Photoshop 制作冲破纸的效果，从而增强照片的动感。

软件操作

01 执行"文件 > 打开"命令，在弹出的对话框中，选择本书配套光盘中的"第 12 章 \ 原图 \ 冲破纸效果 1.jpg、冲破纸效果 2.jpg"文件，单击"打开"按钮打开素材。

02 用移动工具将"冲破纸效果 2.jpg"拖入"冲破纸效果 1.jpg"中（如下图左），执行"编辑 > 自由变换"（如下图右）。

摄影技巧

对于多数人像生活照片，画面人物的面部表情是照片成功与否的关键。如果画面上的人物无精打采，观看者也会受到不良感染。许多行动会调动拍摄主体的情绪，特别是儿童。在被摄者谈话时拍摄往往会得到较好的效果。

03 如下图左所示调整跑车的角度和大小，再执行一次"编辑 > 自由变换"命令，按住 Ctrl 键调整自由变形框架的左下角（如下图右），为汽车增加透视效果。

04 选择背景图层，隐藏图层 1，用钢笔工具选中冲破部分，然后按住 Shift 键，用多变形套索工具将汽车头部加入选区中（如下图左）。返回汽车图层，单击"图层"板下方的"添加矢量蒙版"按钮，将车尾部分隐藏（如下图右）。

摄影技巧

拍摄水景时，一般不能曝光不足，因为自然界的水源常常受到天空的映射，宛如一个巨大的发光体一般，有强烈的反光。拍摄时如果仅依靠相机的测光指示处理曝光量，常常会出现曝光不足的情况，这是因为天空与一般景物的亮度相差非常大。拍摄具有天空反光的水景时，至少需按照相机测光指示再加 2 挡左右的曝光量。拍摄波光舟影的画面要讲究用光量，根据画面中的明暗关系突出被摄影对象的主体。

为使拍摄的水景有特殊的效果，可以采用高速快门，如用 1/1000s 以上拍摄凝结运动的水（如海浪等）。取景适合、曝光得当的话，可能获得喷珠溅玉般的效果，我们在一些表现海浪的摄影作品中常可以看到类似手法。

05 按 Ctrl+J 组合键新建一个汽车图层，执行"滤镜 > 模糊 > 动感模糊"命令，如下图左所示设置参数。最后执行"图层 > 排列 > 后移一层"命令（如下图右）。

 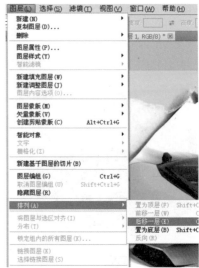

184 制作灯泡中的舞者

此例我们来学习利用 Photoshop 制作灯泡中的舞者效果的操作方法。

软件操作

01 执行"文件 > 打开"命令，在弹出的对话框中，选择本书配套光盘中的"第 12 章 \ 原图 \ 灯泡中的舞者 1.jpg、灯泡中的舞者 2.jpg"文件，单击"打开"按钮打开素材。

02 用移动工具将"灯泡中的舞者 1.jpg"拖入"灯泡中的舞者 2.jpg"中（如下图左），执行"编辑 > 自由变换"命令，如下图右所示调整"灯泡中的舞者 1.jpg"。

📷 摄影技巧

拍风景时，使用偏振镜来调节天空的亮度，可使天空变得暗一些，突出蓝天上的白云，增强画面的空间纵深感。

操作技巧

单击"图层"面板上的"锁定透明像素"按钮后，可以选中图层中所有含图像信息的部分，并统一填充色彩。

03 选中图层1，在"图层"面板上单击"锁定透明像素"按钮（如下图）。

04 按 Ctrl+J 组合键复制舞者图层，执行"编辑 > 自由变换"命令，然后对准舞者部分单击鼠标右键，选中"垂直翻转"（如下图左）。使用移动工具调整新建图层的位置，删去多余的部分（如下图右）。

05 在"图层"面板下方单击"添加图层蒙版"按钮为新建图层添加蒙版（如下图左）。选择渐变工具，将渐变设为黑色到白色的渐变，然后在新建图层中人物部分由上至下垂直拉出渐变，进而为灯泡中的舞者加上倒影效果（如下图右）。

摄影技巧

拍摄日落的最佳时刻是当太阳刚刚接触到地平线的时候，晚霞则是在日落后的10~30min。通常情况下，这时自动测光就能够很好地测量出曝光量。在拍摄时，试着在画面的前景加上人物或是其他的景物，可以增加情趣或特点，或者在海边来个倒影，或者使地平线低于拍摄的画面。在这个时候，变焦镜头十分有用，另外还需要使用三脚架或其他支撑物，以便稳定相机。

185 制作通电效果

此例我们来学习为普通的插头制作通电效果。

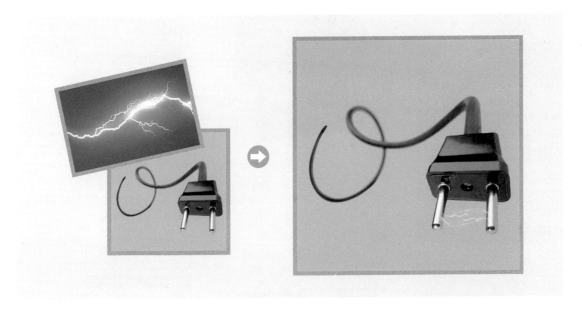

软件操作

01 执行"文件 > 打开"命令，在弹出的对话框中，选择本书配套光盘中的"第 12 章 \ 原图 \ 制作通电效果 1.jpg、制作通电效果 2.jpg"文件，单击"打开"按钮打开素材。

02 用移动工具将"制作通电效果 2.jpg"拖入"制作通电效果 1.jpg"中（如下图左），执行"编辑 > 自由变换"命令（如下图右）。

摄影技巧

多云的天空中少了反差，更适合于拍摄树木和植物，只是拍摄画面的色调可能看起来会有些偏冷，或带一些青色。

03 调整图层 1 的大小、位置及角度（如下图左）。在"图层"面板下方单击"添加图层蒙版"（如下图右）。

操作技巧

按住 Alt 键时，使用移动工具拖动图层，可以直接复制出被拖动的图层。

04 将前景色设为黑色，使用画笔工具将电流轮廓外的部分抹掉（如下图左）。在"图层"面板中，将电流图层的叠加模式设为"变亮"（如下图右）。

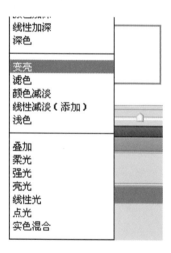

05 按住 Alt 键，使用移动工具拖动电流图层，复制出新的电流（如下图左），最后执行"编辑 > 自由变换"命令，调整新的电流大小及角度，使之区别于先前的电流即可（如下图右）。

摄影技巧

对人物进行拍摄时，首先要考虑的就是拍摄位置。选择一个点作为简单的中间色调背景，树叶、草或大海都可以。为了使人像肤色变暗，可以找到一个类似颜色的背景，使人物的脸部光线保持明亮，保持背景的简单，可将图案、形状和颜色降低到最小化，或者将带有特殊意义的物体作为背景。

186 制作公路街舞人物

此例我们来学习为正在跳街舞的人物加上公路背景。

软件操作

01 执行"文件 > 打开"命令，在弹出的对话框中，选择本书配套光盘中的"第 12 章 \ 原图 \ 公路街舞人物 1.jpg、公路街舞人物 2.jpg"文件，单击"打开"按钮打开素材。

02 用移动工具将"公路街舞人物 1.jpg"拖入"公路街舞人物 2.jpg"中（如下图左），执行"编辑 > 自由变换"命令（如下图右）。

03 调整图层 1 的大小、位置以及角度（如下图左）。按住 Ctrl 键，单击图层 1，生成街舞人物选区（如下图右）。

操作技巧

　　按住 Ctrl 键，单击含有图像信息的图层时，可以将图层中的图像部分转换为选区。

04 新建一个空白图层，用黑色进行填充（如下图左），按 Ctrl+D 组合键取消选区，按住鼠标左键，将图层 2 拖至图层 1 下方（如下图右）。

05 执行"编辑 > 自由变换"命令，调整图层 2 中黑色剪影的透视及位置（如下图左）。执行"滤镜 > 模糊 > 高斯模糊"命令，在弹出的"高斯模糊"对话框中，将半径设置为 10（如下图右）。

摄影技巧

　　如果你想拍摄月亮，那么这里有一条很好的法则：快门与 ISO 同步的时候，拍摄满月用 F/11 光圈；拍摄弦月用 F/8 光圈；拍摄新月用 F/5.6 光圈。

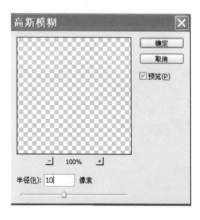

06 选择背景图层，在工具栏中选中加深工具（如下图左）。适合放大图像，在人物手下方的地面进行涂抹，直至得到比较真实的阴影（如下图右）。

摄影技巧

当手持相机拍摄时，快门速度不能小于镜头焦距的倒数。快门速度越慢，拍摄抖动时就越能降低锐度。如果用50mm焦距，快门就要达到1/60s以上为宜，只有当环境实在昏暗时，才用闪光灯、三脚架或者把相机放在硬物体上，以防止抖动。

07 选择图层1，按 Ctrl+J 组合键复制图层（如下图左），将复制的图层拖至图层下方（如下图右）。

08 执行"滤镜 > 模糊 > 径向模糊"命令（如下图左），将模糊方法设为"缩放"，数值设为33，单击"确定"按钮（如下图右）。

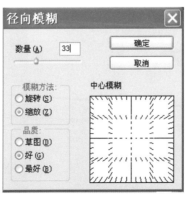

摄影技巧

灰度板是摄影的利器，可是如果身上没有灰度板怎么办呢？可以将手掌推开面向阳光，然后加一挡曝光。

187 制作水珠中的宝贝

此例我们来学习如何将宝贝的照片融入水珠中，使宝贝的照片更加可爱。

摄影技巧

　　如果物体沿着镜头的轴线运动时能够用 1/125 的快门捕捉下来，那么它追至于镜头轴线的运动能用 1/500 的快门捕捉下来。也就是说，如果物体沿与镜头轴线成 45°方向运动，只需要 1/250 的快门速度即可。

软件操作

01 执行"文件 > 打开"命令，在弹出的对话框中，选择本书配套光盘中的"第 12 章 \ 原图 \ 水珠中的宝贝 1.jpg、水珠中的宝贝 2.jpg"文件，单击"打开"按钮打开素材。

02 用移动工具将"水珠中的宝贝 2.jpg"拖入"水珠中的宝贝 1.jpg"中（如下图左），执行"编辑 > 自由变换"命令，调整图层 1 的大小及位置（如下图右）。

03 使用椭圆选框工具选出宝贝的头部（如下图左），执行"选择 > 修改 > 羽化"命令，将羽化值设为 20（如下图右）。

操作技巧

羽化命令的快捷键为 Shift +F6，利用羽化命令可以羽化选区，从而柔化图像边缘。

04 单击"图层"，面板下方的"添加矢量蒙版"按钮（如下图左）。选择图层 1，执行"编辑 > 变换 > 变形"命令，调整图层 1 的透视，使其产生球面透视的效果（如下图右）。

05 按住 Alt 键，拖动图层 1，复制宝贝头像（如下图左），用"自由变换"命令调整使其适合放入另外一个水珠（如下图右）。可按照同样的方法随意制作出多个水珠中的宝贝头像。

摄影技巧

风光照片必须具备一种强烈的地点意识，它可以通过展示事件、行动以及多少带有地方成分的自然环境加以限定，它可以包括诸如动物、植物、时装式样、建筑物细节等十分显眼且又被公认的东西，这些就是风光中最精粹的部分，可给出某一特定地方的特征。如果是出色的风光照片，它能借助于风光的精粹成功地向人们转达出一种几乎可以触摸的感受，仅次于实际的存在。

188 制作强烈黑白对比狮子头像

此例我们来学习如何为狮子头像制作出强烈黑白对比效果。

摄影技巧

对于不同的动物需要采取不同的拍摄方式。有的动物非常小，拍摄的时候要尽量靠近它们，这时可以使用一个微距镜头拍摄；而对于那些体积比较庞大又很凶猛的动物，最好选择一个长焦镜头，保持一个拍摄的安全距离。

软件操作

01 执行"文件 > 打开"命令，在弹出的对话框中，选择本书配套光盘中的"第 12 章 \ 原图 \ 强烈黑白对比狮子头像 .jpg"文件，单击"打开"按钮打开此素材。

02 执行"图像 > 调整 > 黑白"命令，将画面转为黑白，然后利用矩形选框工具选纵向 1/2 的画面（如下图左）。按 Ctrl+I 组合键将选中部分反选（如下图右），最后加强反向部分的对比度即可。

189 制作阿拉丁神灯效果

本例将介绍如何利用 Photoshop 为照片制作出阿拉丁神灯的效果。

软件操作

01 执行"文件 > 打开"命令，在弹出的对话框中，选择本书配套光盘中的"第 12 章 \ 原图 \ 阿拉丁神灯效果 1.jpg、阿拉丁神灯效果 2.jpg、阿拉丁神灯效果 3.jpg"文件，单击"打开"按钮打开素材。

02 用移动工具将"阿拉丁神灯效果 2.jpg"拖入"阿拉丁神灯效果 1.jpg"中（如下图左）。执行"编辑 > 自由变换"命令，调整人物图层的大小及位置（如下图右）。

摄影技巧

人像摄影并不局限于对静止物体的摆布，用闪光灯抓取运动中的人物可使人像显得生动、活泼，而捕捉人物活动的瞬间会使影像产生意想不到的效果，尤其适合于儿童，因为儿童的耐心比较差。

03 选中图层 1，在"图层"面板下方单击"添加矢量蒙版"按钮，然后选择画笔工具，将前景色设为黑色，在人物边缘进行涂抹（如下图左）。然后选中背景图层，使用仿制图章工具将多余的背景部分涂抹掉（如下图右），只保留图层 1 中的人物。

04 选中图层 1，在执行"图像 > 调整 > 色彩平衡"命令（如下图左），调整图层 1 中人物的色调（如下图右），使其与背景色调相融合。

 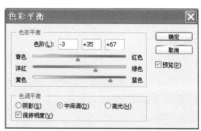

05 用移动工具将"阿拉丁神灯效果 3.jpg"拖入"阿拉丁神灯效果 1.jpg"中（如下图左），调整其大小及位置即可（如下图右）。

📷 **摄影技巧**

　　特写镜头，善于把审美客体——被摄对象的局部形象集中、突出、清晰、强烈地表现出来。在描绘人物形象时，它可以凸现人物最能表现审美个性的脸部神情等。在刻画其他物象或描绘山水风光时，特写镜头所强调的丰富美感的局部画面，也往往最能表现摄影家新颖、独特的意境。

190 制作书里的宝宝

本例通过"制作书里的宝宝",学习图层蒙版、图层混合模式以及画笔工具的使用方法。

软件操作

01 在菜单栏中选择"文件 > 新建"命令,在弹出的对话框中设置宽度为15 厘米、高度为 11 厘米、分辨率为 300 像素、颜色模式为 RGB(如下图左)。执行"文件 > 打开"命令,在弹出的对话框中,选择本书配套光盘中的"第 12 章 \ 原图 \ 制作书里的宝宝 .jpg"文件,单击"打开"按钮打开此素材(如下图右)。

02 按 Ctrl+T 组合键执行自由变换命令,旋转图像(如下图左)。单击图层面板底部的"添加矢量蒙版"按钮 ,设置前景色为黑色,选择工具栏中的"画笔工具"按钮 ,在画面中涂抹,再设置此图层的混合模式为正片叠底(如下图中),得到最后效果(如下图右)。

191 可爱镜像

本例通过"可爱镜像"，学习图层蒙版、图层混合模式以及画笔工具的使用方法。

操作技巧

重点利用图层蒙版来制作出照片的效果。在使用画笔工具进行涂抹时，应随时设置画笔的笔刷直径。在涂抹背景时可以使用稍大一些的画笔，但在涂抹人物边缘时，一定要使用稍小一些的画笔细致涂抹，否则会损坏人物的完整性。

软件操作

01 在菜单栏中选择"文件 > 新建"命令，在弹出的对话框中设置宽度为13厘米、高度为15厘米、分辨率为300像素、颜色模式为RGB（如下图左）。执行"文件 > 打开"命令，在弹出的对话框中，选择本书配套光盘中的"第12章\原图\可爱镜像.jpg"文件，单击"打开"按钮打开此素材（如下图右）。

02 按 Ctrl+T 组合键执行自由变换命令，调整图像大小，按 Enter 键取消选择（如下图左）。选择"图层2"，设置此图层的混合模式为正片叠底。单击图层面板底部的"添加矢量蒙版"按钮 ▣，选择工具栏中的"画笔工具"按钮 ✎，在属性栏中设置画笔，设置前景色为黑色，在画面中涂抹（如下图中），得到最终效果（如下图右）。

192 梳妆镜上的大头贴

本例通过"梳妆镜上的大头贴",学习复制和移动图像以及矩形工具的使用方法。

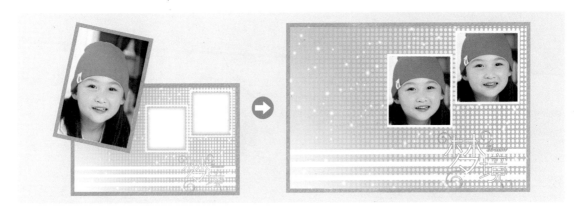

软件操作

01 在菜单栏中选择"文件 > 新建"命令,在弹出的对话框中设置宽度为14 厘米、高度为 11 厘米、分辨率为 300 像素、颜色模式为 RGB(如下图左)。执行"文件 > 打开"命令,在弹出的对话框中,选择本书配套光盘中的"第 12 章 \ 原图 \ 梳妆镜上的大头贴 1.jpg"文件,单击"打开"按钮打开此素材(如下图右)。

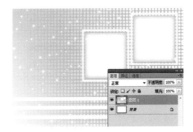

02 执行"文件 > 打开"命令,在弹出的对话框中,选择本书配套光盘中的"第 12 章 \ 原图 \ 梳妆镜上的大头贴 2.jpg"文件,单击"打开"按钮打开此素材(如下图左)。单击工具栏中的"矩形选框工具"按钮,绘制矩形选框,单击工具栏中的"移动工具"按钮,将梳妆镜上的大头贴 2 拖入梳妆镜上的大头贴 1 中,按 Ctrl+T 组合键调整图像的大小(如下图中)。按 Ctrl+J 组合键复制图层,得到"图层 2 副本"和"图层 2 副本 2",单击工具栏中的"移动工具"按钮,移动图像到合适的位置。

193 浪漫时光

本例通过"浪漫时光",学习橡皮擦工具、文本工具和图层样式的操作方法及技巧。

软件操作

01 在菜单栏中选择"文件 > 新建"命令,在弹出的对话框中设置宽度为 15 厘米、高度为 11 厘米、分辨率为 300 像素、颜色模式为 RGB(如下图左)。执行"文件 > 打开"命令,在弹出的对话框中,选择本书配套光盘中的"第 12 章 \ 原图 \ 浪漫时光 1.jpg、浪漫时光 2.jpg"文件,单击"打开"按钮打开素材(如下图右)。将图像浪漫时光 2.jpg 拖入到浪漫时光 1.jpg 中。

02 选择"图层 2",设置此图层的填充为 68%,单击工具栏中的"橡皮擦工具"按钮,在属性栏中设置各项参数(如下图左)。在菜单栏中选择"窗口 > 笔刷"命令,在弹出的对话框中设置画笔和各项参数(如下图右)。

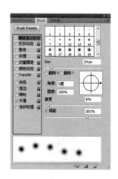

03 设置前景色为白色，在画面中涂抹（如下图上）。单击工具栏中的"横排文字工具"按钮 T.，在属性栏中设置文字（如下图下）。

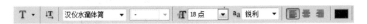

04 在画面中执行输入文字命令（如下图左），在菜单栏中选择"图层 > 图层样式 > 混合选项"命令，在弹出的对话框中选择投影，设置距离为 24 像素、扩展为 17%、大小为 16 像素（如下图右）。

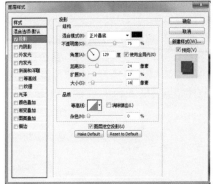

05 在弹出的对话框中选择描边，设置大小为 6 像素（如下图左）。单击确定按钮后，得到最终效果（如下图右）。

194 为照片装点镜框

本例通过"为照片装点镜框",学习磁性套索工具在实际操作中的应用以及应用后的效果。

软件操作

01 在菜单栏中选择"文件 > 新建"命令,在弹出的对话框中设置宽度为 15 厘米、高度为 10 厘米、分辨率为 300 像素、颜色模式为 RGB(如下图左)。执行"文件 > 打开"命令,在弹出的对话框中,选择本书配套光盘中的"第 12 章 \ 原图 \ 为照片装点镜框 1.jpg、为照片装点镜框 2.jpg、为照片装点镜框 3.jpg"文件,单击"打开"按钮打开素材。摆放位置如下图右。

02 按 Ctrl+J 组合键复制图层 3,得到"图层 3 副本"和"图层 3 副本 2",摆放在画面的右下方(如下图左)。得到整体效果(如下图右)。

195 青春物语

本例通过"青春物语"，学习图层混合模式、图层样式和橡皮擦工具的操作方法及技巧。

软件操作

01 在菜单栏中选择"文件 > 新建"命令，在弹出的对话框中设置宽度为7厘米、高度为10厘米、分辨率为300像素、颜色模式为RGB（如下图左）。执行"文件 > 打开"命令，在弹出的对话框中，选择本书配套光盘中的"第12章\原图\青春物语1.jpg、青春物语2.jpg"文件，单击"打开"按钮打开素材。选择"图层2"，设置此图层的混合模式为柔光（如下图右）。

02 按 Ctrl+J 组合键复制图层，得到"图层2副本"和"图层2副本2"（如下图左）。单击工具栏中的"橡皮擦工具"按钮 ，在属性栏中设置各项参数（如下图右）。

03 执行"文件 > 打开"命令，在弹出的对话框中，选择本书配套光盘中的"第 12 章 \ 原图 \ 青春物语 3.jpg"文件，单击"打开"按钮打开此素材（如下图左）。复制图层，得到"图层 3 副本"和"图层 3 副本 2"，单击工具栏中的"自定形状工具"按钮，在画面中绘制图案，单击路径面板底部的"将路径作为选区载入"按钮，设置和填充前景色为白色，单击工具栏中的"橡皮擦工具"按钮，擦除白色部分（如下图右）。

04 在菜单栏中选择"图层 > 图层样式 > 混合选项"命令，在弹出的对话框中选择投影，设置距离为 10 像素、扩展为 6%、大小为 7 像素（如下图左）。在弹出的对话框中选择外发光，设置扩展为 8%、大小为 5 像素（如下图右）。

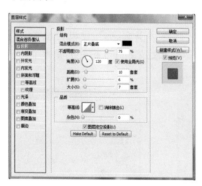
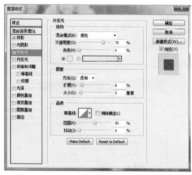

05 在弹出的对话框中选择斜面和浮雕，设置大小为 10 像素、软化为 1 像素（如下图左）。单击确定按钮后，得到最终效果（如下图右）。

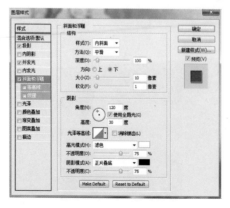

196 梦幻边框效果

本例通过制作"梦幻边框效果",学习图层混合模式和橡皮擦工具的使用方法和操作技巧。

软件操作

01 在菜单栏中选择"文件 > 新建"命令,在弹出的对话框中设置宽度为 15 厘米、高度为 13 厘米、分辨率为 300 像素、颜色模式为 RGB(如下图左)。执行"文件 > 打开"命令,在弹出的对话框中,选择本书配套光盘中的"第 12 章 \ 原图 \ 制作梦幻边框效果 1.jpg、制作梦幻边框效果 2.jpg"文件,单击"打开"按钮打开素材(如下图右)。

02 按 Ctrl+T 组合键单击鼠标右键在下拉菜单中选择水平翻转命令,选择"图层 2",设置此图层的混合模式为柔光(如下图左)。单击工具栏中的"橡皮擦工具"按钮 ,在画面中擦除边缘部分(如下图右)。

03 执行"文件 > 打开"命令，在弹出的对话框中，选择本书配套光盘中的"第 12 章 \ 原图 \ 制作梦幻边框效果 3.jpg"文件，单击"打开"按钮打开此素材（如下图左）。按 Ctrl+T 组合键调整图像大小，按 Enter 键取消选择（如下图右）。

04 选择"图层 3"，设置此图层的混合模式为正片叠底（如下图左）。在画面中擦除边缘部分（如下图右）。

05 执行"文件 > 打开"命令，在弹出的对话框中，选择本书配套光盘中的"第 12 章 \ 原图 \ 制作梦幻边框效果 4.jpg"文件，单击"打开"按钮打开此素材，按 Ctrl+T 组合键调整图像大小，按 Enter 键取消选择，设置此图层的混合模式为正片叠底（如下图左）。得到最终效果（如下图右）。

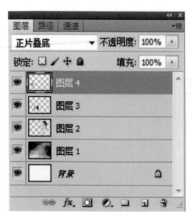

197 心情贺卡

本例通过制作"心情贺卡"，学习图层混合模式和橡皮擦工具的操作方法及技巧。

软件操作

01 在菜单栏中选择"文件 > 新建"命令，在弹出的对话框中设置宽度为 15 厘米、高度为 11 厘米、分辨率为 300 像素、颜色模式为 RGB（如下图左）。执行"文件 > 打开"命令，在弹出的对话框中，选择本书配套光盘中的"第 12 章 \ 原图 \ 心情贺卡 1.jpg、心情贺卡 2.jpg"文件，单击"打开"按钮打开素材，按 Ctrl+T 组合键调整图像大小（如下图右）。

02 选择"图层 2"，设置此图层的混合模式为正片叠底（如下图左）。单击工具栏中的"橡皮擦工具"按钮 ，在画面中涂抹边缘，得到最终效果（如下图右）。

198 相框三重奏

本例通过制作"相框三重奏",学习图层混合模式、图层样式和橡皮擦工具的使用方法和技巧。

软件操作

01 在菜单栏中选择"文件 > 新建"命令,在弹出的对话框中设置宽度为15 厘米、高度为 11 厘米、分辨率为 300 像素、颜色模式为 RGB(如下图左)。执行"文件 > 打开"命令,在弹出的对话框中,选择本书配套光盘中的"第 12 章 \ 原图 \ 相框三重奏 1.jpg、相框三重奏 2.jpg"文件,单击"打开"按钮打开素材。摆放位置如下图右。

02 选择"图层 2",设置此图层的混合模式为正片叠底(如下图右)。单击工具栏中的"橡皮擦工具"按钮 ❂,在属性栏中设置各项参数(如下图左)。

03 在画面中涂抹边缘部分（如下图左）。执行"文件 > 打开"命令，在弹出的对话框中，选择本书配套光盘中的"第12章\原图\相框三重奏3.jpg"文件，单击"打开"按钮打开此素材（如下图右）。

04 选择"图层3"，设置此图层的混合模式为正片叠底（如下图左）。单击工具栏中的"橡皮擦工具"按钮 ，在属性栏中设置各项参数（如下图右）。

05 在画面中涂抹边缘部分，执行"文件 > 打开"命令，在弹出的对话框中，选择本书配套光盘中的"第12章\原图\为照片装点镜框4.jpg"文件，单击"打开"按钮打开此素材（如下图左）。单击工具栏中的"橡皮擦工具"按钮 ，在画面中涂抹边缘部分，得到最终效果（如下图右）。

199 爱情物语

本例通过制作"爱情物语",学习图层混合模式和橡皮擦工具的操作方法及技巧。

软件操作

01 在菜单栏中选择"文件>新建"命令,在弹出的对话框中设置宽度为15厘米、高度为13厘米、分辨率为300像素、颜色模式为RGB(如下图左)。执行"文件>打开"命令,在弹出的对话框中,选择本书配套光盘中的"第12章\原图\爱情物语1.jpg、爱情物语2.jpg"文件,单击"打开"按钮打开素材。选择"图层2",设置此图层的混合模式为叠加(如下图右)。

02 单击图层面板底部的"添加矢量蒙版"按钮 □,设置和填充前景色为黑色,再设置前景色为白色,用"橡皮擦工具"在画面中擦除图像(如下图左)。执行"文件>打开"命令,在弹出的对话框中,选择本书配套光盘中的"第12章\原图\爱情物语3.jpg"文件,单击"打开"按钮打开此素材。选择"图层3",设置此图层的混合模式为叠加(如下图中)。"添加矢量蒙版"按钮 □,设置前景色为黑色,用"橡皮擦工具",在画面中擦除图像(如下图右)。

200 为毕业照添加相框

本例通过"为毕业照添加相框",学习图层样式和文本工具以及橡皮擦工具的操作方法及技巧。

软件操作

01 在菜单栏中选择"文件 > 新建"命令,在弹出的对话框中设置宽度为 15 厘米、高度为 9 厘米、分辨率为 300 像素、颜色模式为 RGB(如下图 左)。执行"文件 > 打开"命令,在弹出的对话框中,选择本书配套光盘中 的"第 12 章 \ 原图 \ 为毕业照添加相框 1.jpg、为毕业照添加相框 2.jpg" 文件,单击"打开"按钮打开素材,选择"图层 1",设置此图层的混合模 式为正片叠底(如下图右)。

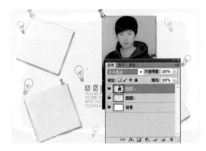

02 单击工具栏中的"橡皮擦工具",在属性栏中设置橡皮擦,在画面中擦 除图像边缘部分(如下图左)。执行"文件 > 打开"命令,选择本书配套光 盘中的"第 12 章 \ 原图 \ 为毕业照添加相框 3.jpg"文件,单击"打开"按 钮打开此素材,按 Ctrl+T 组合键调整图像大小和旋转角度,擦除图像边缘 部分(如下图右)。

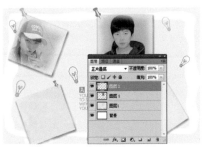

03 执行"文件 > 打开"命令，选择本书配套光盘中的"第12章 \ 原图 \ 为毕业照添加相框3.jpg"文件，单击"打开"按钮打开此素材（如下图左）。按Ctrl+T组合键调整图像大小和旋转角度，单击工具栏中的"橡皮擦工具"按钮 ，在画面中擦除图像边缘部分（如下图右）。

04 执行"文件 > 打开"命令，选择本书配套光盘中的"第12章 \ 原图 \ 为毕业照添加相框3.jpg"文件，单击"打开"按钮打开此素材。按Ctrl+T组合键调整图像大小和旋转角度，单击工具栏中的"橡皮擦工具"按钮 ，在画面中擦除图像边缘部分（如下图左）。单击工具栏中的"横排文字工具"按钮 T ，在画面中执行输入文字命令（如下图右）。

05 在菜单栏中选择"图层 > 图层样式 > 混合选项"命令，在弹出的对话框中选择投影，设置距离为6像素、扩展为0%、大小为7像素（如下图左）。得到最终效果（如下图右）。

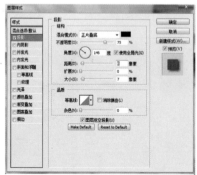